Wolf-Michael Kähler

COBOL 85 auf dem PC

WOLF-MICHAEL KÄHLER

COBOL 85
AUF DEM PC

**Einführung in die
dialog-orientierte COBOL-Programmierung**

Kähler, Wolf-Michael:
COBOL 85 auf dem PC: Einführung in die dialog-orientierte
COBOL-Programmierung / Wolf-Michael Kähler. –
Braunschweig; Wiesbaden: Vieweg, 1992

Der Verlag Vieweg ist ein Unternehmen der Verlagsgruppe Bertelsmann International.

Umschlag: Schrimpf und Partner, Wiesbaden

Gedruckt auf säurefreiem Papier

ISBN-13: 978-3-528-05212-6   e-ISBN-13: 978-3-322-87225-8
DOI: 10.1007/978-3-322-87225-8

Vorwort

COBOL ist weltweit die am häufigsten eingesetzte problemorientierte Programmiersprache. Die überragende Bedeutung von COBOL hat sich im Zuge der Dezentralisierung des EDV-Einsatzes noch verstärkt, weil COBOL-Werkzeuge zur Programmentwicklung auf PC's (Mikrocomputern) zur Verfügung stehen, welche die Leistungsfähigkeit der auf Großrechnern vorhandenen COBOL-Werkzeuge teilweise übertreffen.

Die in diesem Buch vorgestellte Konzeption der Programmierung in COBOL wurde im Rahmen von Veranstaltungen entwickelt, die am Rechenzentrum und im Studiengang Wirtschaftswissenschaft der Universität Bremen sowie an der Wirtschafts- und Sozialakademie Bremen im Rahmen der beruflichen Weiterbildung durchgeführt worden sind.

In dieser Anleitung zur COBOL-Programmierung wird dargestellt, wie sich COBOL-Programme für die dialog-orientierte Arbeit an einem Bildschirmarbeitsplatz erstellen lassen. Dabei wird die Erfassung von Daten, deren Speicherung in sequentiellen sowie in index-sequentiellen Dateien und die Bildschirmanzeige dieser gespeicherten Daten in den Vordergrund der Betrachtung gestellt.

Wegen der besonderen Bedeutung des Direktzugriffs werden die unterschiedlichen Methoden, mit denen auf den Satzbestand einer index-sequentiellen Datei zugegriffen werden kann, ausführlich erläutert. Dabei bleibt auch die Möglichkeit, über einen Alternativschlüssel zugreifen zu können, nicht ausgespart.

Als besondere Techniken für eine komfortable COBOL-Programmierung werden die Tabellenverarbeitung, die Sortierung von Datenbeständen sowie die Modularisierung beschrieben, die angibt, wie sich umfangreiche Programme in Unterprogramme gliedern lassen.

Die Darstellung ist so gehalten, daß der Leser einleitend in die Grundlagen der COBOL-Programmierung eingeführt wird. Als Basis für den angegebenen Sprachumfang wird die zur Zeit gültige COBOL-Norm gemäß "DIN 66028" (abgekürzt durch "COBOL-85") zugrundegelegt. Als Ergänzung werden Sprachelemente vorgestellt, die zur Programmierung des bildschirmorientierten Dialogs erforderlich sind und zum Sprachumfang des Industriestandards "VS COBOL" gehören. Der Einsatz aller beschriebenen Sprachelemente ist unabhängig von dem Betriebssystem, sei es MS-DOS, OS/2 oder UNIX. Zur Ausführung der angegebenen COBOL-Programme ist allein ein COBOL-Werkzeug erforderlich, das die Forderungen von "COBOL-85" erfüllt sowie dem aktuellen Industriestandard genügt wie zum Beispiel die Werkzeuge der Firmen Microsoft sowie Micro Focus.

Im Hinblick auf die Forderungen der "Strukturierten Programmierung" werden alle in diesem Buch beschriebenen Problemlösungen zunächst als Struktogramme entwickelt und erst anschließend in ein COBOL-Programm umgeformt.

Die Sprachelemente von COBOL werden in diesem Buch nicht summarisch beschrieben, wie es etwa in Handbüchern zur Programmiersprache COBOL der Fall ist, sondern ihr Einsatz wird durch Anwendungsbeispiele begründet, die betont einfach gehalten sind und aufeinander aufbauen. Daher sind auch bei der Lektüre dieses Buches keine näheren Kenntnisse aus dem Bereich der administrativen und kommerziellen Anwendungen – dem Haupteinsatzgebiet von COBOL – erforderlich.

Zur Lernkontrolle werden Übungsaufgaben gestellt, deren Lösungen im Lösungsteil beschrieben sind.

Für die Anregung zu diesem Buch und die gewohnt gute Zusammenarbeit danke ich Herrn Dr. Klockenbusch vom Vieweg Verlag.

Ritterhude, im September 1991   Wolf-Michael Kähler

Die in dieser Einführungsschrift dargestellte Programmiersprache COBOL basiert auf dem Dokument "American National Standard Programming Language COBOL, X.3.23". Daher muß unseren Ausführungen der folgende Hinweis vorangestellt werden:

ACKNOWLEDGMENT

"Any organization interested in reproducing the COBOL report and specifications in whole or in part, using ideas from this report as the basis for an instruction manual or for any other purpose, is free to do so. However, all such organizations are requested to reproduce the following acknowledgment paragraphs in their entirety as part of the preface to any such publication. Any organization using a short passage from this document, such as in a book review, is requested to mention "COBOL" in acknowledgment of the source, but need not quote the acknowledgment.

COBOL is an industry language and is not the property of any company or group of companies, or of any organization or group of organizations.

No warranty, expressed or implied, is made by any contributor or by the CODASYL Programming Language Committee as to the accuracy and functioning of the programming system and language. Moreover, no responsibility is assumed by any contributor, or by the committee, in connection therewith.

The authors and copyright holders of the copyrighted material used herein

- FLOW-MATIC (trademark of Sperry Rand Corporation), Programming for the UNIVAC (R) I and II, Data Automation Systems copyrighted 1958, 1959, by Sperry Rand Corporation;

- IBM Commercial Translator Form No. F28-8013, copyrighted 1959 by IBM;

- FACT, DSI 27A5260-2760, copyrighted 1960 by Minneapolis-Honeywell

have specifically authorized the use of this material in whole or in part, in the COBOL specifications. Such authorization extends to the reproduction and use of COBOL specifications in programming manuals or similar publications."

Inhaltsverzeichnis

Kapitel 1

Grundlagen

1.1 Aufgabenstellung "Datenerfassung" (AUF1)

Für eine zukünftige Bearbeitung der Geschäftsvorgänge auf einer Datenverarbeitungsanlage (kurz: DV-Anlage) sind die Verkaufsdaten einer Vertriebsgesellschaft in Artikelstammdaten, Vertreterstammdaten und Bewegungsdaten mit den Umsätzen gegliedert worden. Der Einfachheit halber beschränken wir uns in unserer Darstellung auf die folgenden Daten:

Stammdaten der Vertreter:

Vertreternummer	Name	Provisionssatz
8413	Meyer, Emil	0,07
5016	Meier, Franz	0,05
1215	Schulze, Fritz	0,06

Stammdaten der Artikel:

Artikelnummer	Name	Preis
12	Oberhemd	39,80
22	Mantel	360,00
11	Oberhemd	44,20
13	Hose	110,50

Umsatzdaten:

Vertreternummer	Auftragsnummer	Artikelnummer	Anzahl
8413	001	12	40
5016	001	22	10
8413	002	11	70
8413	003	13	35
1215	001	13	5
1215	002	12	10

Hinweis: Es wird unterstellt, daß die einzelnen Aufträge durchnumeriert werden. Der erste Auftrag wird mit der Nummer 1 versehen, der 2. Auftrag mit der Nummer 2, usw. Dabei wird vorausgesetzt, daß ein Vertreter im Abrechnungszeitraum maximal 999 Umsätze tätigt.

Aus der ersten Zeile der Tabelle mit den Umsatzdaten ist (in Verbindung mit den beiden anderen Tabellen) zum Beispiel zu entnehmen, daß der Vertreter "Emil Meyer" (mit der Vertreternummer "8413"), der "0,07" Verkaufsprovision erhält, innerhalb seines 1. Auftrags 40 Stück des Artikels "Oberhemd" (mit der Artikelnummer "12") zum Preis von jeweils "39,80 DM" verkauft hat.

Um eine Verarbeitung dieser Daten zu ermöglichen, sind sie zunächst zu erfassen, d.h. sie müssen in geeigneter Form auf einen magnetischen Datenträger – wie zum Beispiel eine Diskette oder eine Magnetplatte – übertragen werden.

Zur Durchführung dieser Datenerfassung wollen wir ein *COBOL-Programm* entwickeln, mit dem wir diese Daten *dialog-orientiert* eingeben können. Dies bedeutet, daß wir einen Dialog mit einem Programm führen wollen, so daß sich auf eine geeignete Anforderung hin die jeweils zu erfassenden Daten über die Tastatur eingeben lassen.

In der Datenverarbeitung wird unter einem *Programm* eine Anleitung verstanden, die in einer künstlichen Sprache abgefaßt ist, und die auf einer DV-Anlage zur Ausführung gebracht werden kann. Wir sprechen von einem *COBOL-Programm*, weil wir als künstliche Sprache die Programmiersprache COBOL verwenden werden. COBOL (Abkürzung von *COmmon Business Oriented Language*) setzen wir deswegen ein, weil sich diese Sprache besonders gut zur Beschreibung von Problemlösungen im Bereich der kaufmännischen und verwaltungstechnischen Anwendungen eignet.

Die grundlegenden Kenntnisse darüber, wie COBOL-Programme aufgebaut sind und welche Sprachelemente im Hinblick auf die jeweiligen Anforderungen einzusetzen sind, werden wir uns bei der Lösung der folgenden Aufgabenstellung aneignen:

<u>AUF1:</u>   "Datenerfassung"

Es ist ein COBOL-Programm zur Erfassung der Artikeldaten zu entwickeln und zur Ausführung zu bringen, so daß die Daten anschließend auf der Magnetplatte gespeichert sind!

1.2   Datensatz

Für die Erfassung der Artikeldaten muß festgelegt werden, in welcher Form die Einträge der oben angegebenen Tabelle gespeichert werden sollen. Dazu wird jeder Tabellenzeile *ein Datensatz* (auf dem magnetischen Datenträger) als Sammlung von Zeichen zugeordnet. Um die Angaben über einen einzelnen Artikel in einen Datensatz übertragen zu können, muß festgelegt werden, an welchen Zeichenpositionen welche Artikeldaten gespeichert werden sollen. Dazu legen wir für die Sätze mit den Artikeldaten den folgenden Satzaufbau fest:

```
Zeichenposition          Inhalt

     1 -  2           Artikelnummer
     3 - 22           Artikelname
    23 - 28           Artikelpreis
```

Hinweis: Nicht ganzzahlige Werte – wie z.B. Artikelpreise – werden stets ohne Dezimalkomma gespeichert. Somit sehen wir durch die Angabe "23-28" vor, daß – zusätzlich zu zwei Nachkommastellen – höchstens vier Stellen vor dem Dezimalkomma als ganzzahliger Anteil auftreten dürfen.

Bei der Datenerfassung muß der Inhalt einer Tabellenzeile gemäß dem Satzaufbau als Datensatz zusammengestellt und auf die Diskette bzw. Magnetplatte übertragen werden. Bevor wir diese Zusammenstellung und die Datenübertragung beschreiben können, müssen wir zunächst lernen, wie die Strukturierung eines Datensatzes in formaler Form innerhalb eines COBOL-Programms anzugeben ist.

1.3   Datenfeld und Bezeichner

Jedes einzelne Datum – wie z.B. eine Artikelnummer – läßt sich in Form eines oder mehrerer aufeinanderfolgender Zeichen darstellen. Der Bereich, in dem ein Datum eingetragen (gespeichert) ist, wird *Datenfeld* genannt. Unter einem *Datensatz* wird die Zusammenfassung von einem oder mehreren Datenfeldern verstanden, die im Hinblick auf einen bestimmten Gesichtspunkt zusammengehören.

Somit läßt sich ein Datensatz mit den Artikeldaten dadurch festlegen, daß die folgenden Datenfelder zusammengefaßt werden:

- Datenfeld mit der Artikelnummer (Zeichenposition 1-2),

- Datenfeld mit dem Artikelnamen (Zeichenposition 3-22) und

- Datenfeld mit dem Artikelpreis (Zeichenposition 23-28).

Um die einzelnen Datenfelder unterscheiden zu können, müssen wir sie durch Namen kennzeichnen. Derartige Datenfeldnamen werden *Bezeichner* genannt. Bezeichner können unter Berücksichtigung der folgenden Einschränkungen frei gewählt werden:

- sie dürfen keine anderen Zeichen als Groß- und Kleinbuchstaben, Ziffern und den Bindestrich "–" enthalten,

- sie dürfen aus höchstens 30 Zeichen bestehen,

- der Bindestrich darf nicht erstes und nicht letztes Zeichen eines Bezeichners sein,

- sie müssen mindestens einen Buchstaben enthalten, und

- sie dürfen nicht in der Liste der reservierten COBOL-Wörter aufgeführt sein.

Die *reservierten COBOL-Wörter*, die im Anhang A.1 zusammengestellt sind, haben innerhalb eines COBOL-Programms eine spezifische Bedeutung. Um diese Wörter von den von uns gewählten Bezeichnern deutlich abzuheben, werden wir die reservierten COBOL-Wörter stets in *Großbuchstaben* und die Bezeichner in *Kleinbuchstaben* schreiben.

Hinweis: Es ist erlaubt, die Bezeichner und die reservierten COBOL-Wörter in Klein- oder Großbuchstaben anzugeben.

Da Bezeichner von Datenfeldern den jeweiligen Inhalt des Datenfeldes möglichst aussagekräftig beschreiben sollten, wählen wir für unsere Datenfelder die folgenden Namen:

- artikelnummer : Bezeichner für das Datenfeld mit der Artikelnummer,

- artikelname : Bezeichner für das Feld mit dem Artikelnamen, und

- artikelpreis : Bezeichner für das Datenfeld mit dem Preis des Artikels.

1.4 Datenfeld-Beschreibung

1.4.1 PICTURE-Klausel

Im COBOL-Programm muß hinter jedem Bezeichner für ein Datenfeld eine Angabe gemacht werden, wie der Inhalt des Feldes bei der Verarbeitung interpretiert werden soll. So ist es z.B. bedeutsam, ob der Inhalt eines Datenfeldes als Zahl zum Rechnen oder als Text aufgefaßt werden soll. Die *Schablone*, mit der die jeweils gewünschte Art der Interpretation zu kennzeichnen ist, wird *Picture-Maske* genannt. Diese Picture-Maske ist im COBOL-Programm durch eine *PICTURE-Klausel* in der folgenden Form mit dem zugehörigen Datenfeldnamen in Verbindung zu bringen:

```
bezeichner PIC picture-maske
```

Hinweis: Eine derartige Zusammenfassung von COBOL-Sprachelementen wird *Klausel* genannt. Jede Klausel wird durch ein oder mehrere reservierte COBOL-Wörter gekennzeichnet. Welche Sprachelemente innerhalb einer Klausel aufzuführen und in welcher Anordnung sie zueinander anzugeben sind, wird durch die *Syntax* der Programmiersprache COBOL bestimmt.

Die oben angegebene *Syntax* für die PICTURE-Klausel legt somit fest:

- Hinter dem Bezeichner für ein Datenfeld muß das reservierte COBOL-Wort *PIC* bzw. dessen ausführliche Form *PICTURE* angegeben werden.

- Dem COBOL-Wort *PIC* (bzw. *PICTURE*) muß eine *Picture-Maske* folgen, die festlegt, wie der Inhalt des Datenfeldes bei der Verarbeitung interpretiert werden soll.

1.4.2 Alphanumerische Datenfelder

Datenfelder, deren Inhalt als Text aufzufassen ist, werden *alphanumerische* Datenfelder genannt. Die zugehörige Picture-Maske erhält allein das Maskenzeichen *X*. Die Häufigkeit, mit der dieses Maskenzeichen innerhalb der Maske aufgeführt wird, gibt die *Länge* des Datenfeldes an, d.h. die Anzahl der Zeichen, die innerhalb des Feldes gespeichert sind.

So können wir etwa durch die Angabe

```
artikelname PIC XXXXXXXXXXXXXXXXXXXX
```

festlegen, daß das Datenfeld "artikelname" einen aus 20 Zeichen bestehenden Text aufnehmen soll.

Hinweis: Zur Beschreibung der Größe eines Speicherbereichs dient die Maßeinheit *Byte*. In einem Byte wird jeweils ein Zeichen gespeichert. Das Feld "artikelname" umfaßt somit 20 Bytes.

Als abkürzende Schreibweise für die Vereinbarung von "artikelname" darf

```
artikelname PIC X(20)
```

angegeben werden.

Grundsätzlich läßt sich die Anzahl mehrerer gleicher Maskenzeichen durch einen *Wiederholungsfaktor* kennzeichnen, der durch eine runde öffnende Klammer "(" einzuleiten und durch eine runde schließende Klammer ")" zu beenden ist.

Hinweis: Picture-Masken dürfen – genauso wie Bezeichner – aus höchstens 30 Maskenzeichen bestehen. In dem Fall, in dem diese Höchstgrenze überschritten wird, müssen Wiederholungsfaktoren zur abkürzenden Beschreibung eingesetzt werden.

1.4.3   Numerische Datenfelder

Sofern der Inhalt eines Datenfeldes als Zahl interpretiert werden soll, muß dieses Datenfeld als *numerisches* Datenfeld vereinbart sein. Dazu ist das Maskenzeichen *9* zu verwenden, durch das jeweils eine Ziffernposition innerhalb eines numerischen Feldes gekennzeichnet wird.

So kann z.B. das Feld "artikelnummer" durch die Angabe

```
artikelnummer PIC 99
```

als (ganzzahlig) numerisches Feld mit zwei Ziffern vereinbart werden.

Hinweis: Da durch das Maskenzeichen *9* – genauso wie durch das Maskenzeichen *X* – jeweils ein Byte reserviert wird, besteht das Datenfeld "artikelnummer" aus 2 Bytes.

Soll gekennzeichnet werden, daß der Inhalt eines numerisches Feldes als nicht ganzzahlig zu interpretieren ist, muß die Picture-Maske das Maskenzeichen *V* zur Markierung der Position des *Dezimalkommas* enthalten.

Hinweis: Es hat historische Gründe (sehr teurer Magnetspeicher!), daß das Dezimalkomma nicht abgespeichert, sondern allein die virtuelle Position des Dezimalkommas durch das Maskenzeichen *V* gekennzeichnet wird.

Somit muß der Tatbestand, daß der Inhalt des Feldes "artikelpreis" als numerisch mit zwei Nachkommastellen und vier Stellen für den ganzzahligen Anteil aufgefaßt werden soll, durch die Angabe von

```
artikelpreis PIC 9(4)V99
```

gekennzeichnet werden.

Hinweis: Da durch das Maskenzeichen *V* kein Speicherplatz reserviert wird, besteht das Datenfeld "artikelpreis" aus 6 Bytes.

1.4.4   Signierte numerische Datenfelder

Ist der Wert eines numerischen Feldes als positiver oder negativer Wert, d.h. als *signierter* numerischer Wert aufzufassen, so muß die zugehörige Picture-Maske durch das Maskenzeichen *S* eingeleitet werden. Standardmäßig wird ein Vorzeichen immer zusammen mit der *letzten* Ziffer gespeichert, so daß für das Vorzeichen *keine* eigenständige Zeichenposition zu berücksichtigen ist.

Hätten wir etwa ein numerisches Feld zu Aufnahme des Kontostandes zu vereinbaren, so müßte dies z.B. in der folgenden Form geschehen:

```
vertreterkonto PIC S9(5)V99
```

Hinweis: Dabei unterstellen wir, daß Vertreter ihr Konto, über das die Provisionen verrechnet werden, auch überziehen dürfen, so daß auch negative Kontostände möglich sind.

Soll ein Vorzeichen als *eigenständiges* Zeichen gespeichert werden, so muß die *SEPARATE-Klausel*

```
SEPARATE CHARACTER
```

im Anschluß an die PICTURE-Klausel angegeben werden.
Z.B. wird durch die Vereinbarung

```
vertreterkonto PIC S9(5)V99 SEPARATE CHARACTER
```

festgelegt, daß das Vorzeichen als *eigenständiges* Zeichen an der *letzten* Zeichenposition im Feld "vertreterkonto" abgelegt wird.
Soll dagegen das Vorzeichen als eigenständiges Zeichen an der *ersten* Zeichenposition gespeichert werden, so läßt sich dies durch die Angabe

```
vertreterkonto PIC S9(5)V99 SIGN IS LEADING SEPARATE CHARACTER
```

bestimmen. In diesem Fall ist die bisherige Form der Vereinbarung um die *SIGN-Klausel*

```
SIGN IS LEADING
```

ergänzt worden.

Soll festgelegt werden, daß das Vorzeichen *zusammen* mit der *ersten* Ziffer abgespeichert werden soll, so ist auf die SEPARATE-Klausel zu verzichten, so daß in diesem Fall

```
vertreterkonto PIC S9(5)V99 SIGN IS LEADING
```

anzugeben ist.

1.5 Datensatz-Beschreibung

Im Abschnitt 1.2 haben wir festgelegt, wie der Inhalt einer Tabellenzeile (siehe Abschnitt 1.1) als Datensatz auf dem magnetischen Datenträger zu speichern ist. Da es sich bei einem Datensatz ebenfalls um ein Datenfeld handelt, muß auch für ihn ein geeigneter Bezeichner vereinbart werden. In unserem Fall wählen wir den Bezeichner "artikel-satz". Für diesen Bezeichner läßt sich *keine* Picture-Maske angeben, da sich "artikel-satz" in der folgenden Form (hierarchisch) in die drei Datenfelder "artikelnummer", "artikelname" und "artikelpreis" gliedert:

artikel-satz		
artikelnummer	artikelname	artikelpreis
1 2	3 22	23 28

Das Feld "artikel-satz" wird als *Datengruppe* bezeichnet, weil es weiter unterteilt ist. Datenfelder der untersten Hierarchiestufe, die nicht weiter untergliedert sind, heißen *elementare Datenfelder*.

Die formale Notation der *hierarchischen* Gliederung eines Datensatzes wird *Datensatz-Beschreibung* genannt.

In unserem Fall stellt sich die Datensatz-Beschreibung von "artikel-satz" wie folgt dar:

```
01  artikel-satz.
    02  artikelnummer PIC 99.
    02  artikelname   PIC X(20).
    02  artikelpreis  PIC 9(4)V99.
```

Jede Datensatz-Beschreibung wird durch die Angabe des Bezeichners für den Datensatz (hier: "artikel-satz") eingeleitet. Die *hierarchischen* Beziehungen innerhalb des Datensatzes werden durch *Stufennummern* gekennzeichnet. Dies sind ganzzahlige Werte, die größer oder gleich der Zahl *01* und kleiner oder gleich der Zahl *49* sein müssen. Dabei gilt:

- der Bezeichner für den Datensatz muß durch die Stufennummer *01* eingeleitet werden,

- ein untergeordnetes Datenfeld hat eine höhere Stufennumer als das ihm übergeordnete Feld,

- Felder auf derselben Hierarchieebene haben *gleiche* Stufennummern,

- der durch *01* eingeleitete Datensatzname wird durch einen Punkt beendet, und

- jedes im Datensatz enthaltene Datenfeld wird durch einen Eintrag gekennzeichnet, der mit einem Punkt abzuschließen ist; der Eintrag wird durch eine Stufennummer eingeleitet, der ein Bezeichner folgen muß; kennzeichnet dieser Bezeichner ein elementares Datenfeld, so muß dem Bezeichner eine PICTURE-Klausel angefügt werden, die durch weitere Klauseln – wie z.B. die SEPARATE- oder die SIGN-Klausel – ergänzt werden kann.

Gemäß den Angaben im Abschnitt 1.1 läßt sich zum Beispiel für die Vertreterdaten die Datensatz-Beschreibung

```
01  vertreter-satz.
    02   vertreternummer  PIC 9(4).
    02   vertretername    PIC X(30).
    02   provision        PIC 9V99.
```

und für die Umsatzdaten die Datensatz-Beschreibung

```
01  umsatz-satz.
    02   nummer.
         03   vertreternummer  PIC 9(4).
         03   auftragsnummer   PIC 9(3).
    02   artikelnummer    PIC 99.
    02   anzahl           PIC 999.
```

festlegen. Bei der Gliederung von "umsatz-satz" sind die elementaren
Felder "vertreternummer" und "auftragsnummer" zur Datengruppe "nummer" zusammengefaßt worden.

Hinweis: Diese Strukturierung ist erforderlich, sofern sowohl auf die *einzelnen* Nummern
als auch auf die *Gesamtnummer* zugegriffen werden soll.

1.6 Datei-Beschreibung

1.6.1 FD-Eintrag

Um die Artikeldaten auf einen magnetischen Datenträger übertragen zu
können, haben wir eine geeignete Datensatz-Beschreibung angegeben, durch
welche die Strukturierung der einzelnen Datensätze festgelegt ist.

Grundsätzlich werden Datensätze gleichen Typs – wie z.B. die Artikelsätze
– zu einer *Datei* als organisatorischer Verwaltungseinheit zusammengefaßt.
Unter einer *Datei* werden wir fortan eine Sammlung von Datensätzen verstehen, die unter einem bestimmten Gesichtspunkt zusammengefaßt und
gemeinsam gespeichert sind.

Unsere Aufgabenstellung, die Artikeldaten zu erfassen, läßt sich somit
dahingehend beschreiben, daß wir eine Datei mit den Artikeldaten einrichten
wollen.

Hinweis: Eine weitere Aufgabenstellung könnte z.B. darin bestehen, die oben angegebenen
Vertreter- und Umsatzdaten ebenfalls jeweils innerhalb einer Datei zusammenzufassen
(siehe Aufgabe 1 und Aufgabe 2 im Abschnitt 1.16).

Jede Datei, deren Datensätze zu verarbeiten sind, muß innerhalb des
COBOL-Programms durch eine *Datei-Beschreibung* vereinbart werden.
Diese Beschreibung wird *FD-Eintrag* genannt. Ein FD-Eintrag enthält einen
von uns gewählten Bezeichner als *Dateinamen* und die zugehörige Datensatz-
Beschreibung:

```
FD  bezeichner.

     Datensatz-Beschreibung von "bezeichner"
```

In unserem Fall müssen wir, sofern wir z.B. den Bezeichner "artikel-datei"
als Dateinamen wählen, den folgenden FD-Eintrag angeben:

```
FD  artikel-datei.
01  artikel-satz.
    02  artikelnummer PIC 99.
    02  artikelname   PIC X(20).
    02  artikelpreis  PIC 9(4)V99.
```

Grundsätzlich gilt:

- Jede zu verarbeitende Datei muß durch einen FD-Eintrag gekennzeichnet sein.

- Ein FD-Eintrag wird durch das reservierte COBOL-Wort *FD* eingeleitet.

- Dem Schlüsselwort *FD* muß ein Bezeichner als Dateiname folgen, der durch einen Punkt abgeschlossen wird.

- Unterhalb der Zeile mit dem Dateinamen muß die zur Datei gehörende Datensatz-Beschreibung angegeben werden.

1.6.2 FILE-CONTROL-Eintrag

Jede Datei, die auf einem magnetischen Datenträger eingerichtet wird, muß einen Dateinamen tragen, der sie auf diesem Datenträger eindeutig kennzeichnet. Wir sprechen von einem *externen Dateinamen* – zur Unterscheidung von dem *internen* Dateinamen, der im FD-Eintrag vereinbart ist und die Datei innerhalb des COBOL-Programms kennzeichnet. Die Konvention, nach der dieser externe Dateiname vom Anwender festgelegt werden kann, ist abhängig vom jeweiligen Betriebssystem der DV-Anlage, auf der die Daten gespeichert und verarbeitet werden sollen.

Hinweis: Das Betriebssystem ist eine Sammlung von Programmen, welche die DV-Anlage zur Ausführung bestimmter Grundfunktionen – wie etwa zur Steuerung des sinnvollen Zusammenwirkens von Prozessor, Hauptspeicher, Bildschirm, Tastatur und den magnetischen Speichern Diskette und Magnetplatte – befähigt und damit überhaupt erst für den Anwender benutzbar macht. Ein Steuerprogramm des Betriebssystems nimmt Anforderungen (Kommandos) des Anwenders entgegen und bringt die dadurch abgerufenen Programme zur Ausführung.

Wir wählen die Bezeichnung "artikel.txt" als externen Dateinamen einer Magnetplatten-Datei und setzen für das folgende voraus, daß wir unter einem Betriebssystem (wie z.B. UNIX oder MS-DOS) arbeiten, bei dem dieser Name ein zulässiger Dateiname ist.

Da der im FD-Eintrag angegebene interne Dateiname die Datei allein innerhalb des COBOL-Programms bezeichnet, muß eine Verbindung zum externen Dateinamen, unter dem die Datei vom Betriebssystem geführt wird, hergestellt werden. Diese Zuordnung der beiden Dateinamen wird im COBOL-Programm durch einen Eintrag im *Kapitel INPUT-OUTPUT* und dort im *Paragraphen FILE-CONTROL* vorgenommen. Dieser Eintrag besteht aus einer *SELECT-*, einer *ASSIGN-* und einer *ORGANIZATION-*Klausel. Dabei ist die folgende Syntax zu beachten:

```
INPUT-OUTPUT SECTION.
FILE-CONTROL.
     SELECT interner-dateiname ASSIGN TO "externer-dateiname"
          ORGANIZATION IS LINE SEQUENTIAL.
```

Hinweis: *Kapitel* und *Paragraphen* sind COBOL-Sprachelemente, durch die ein COBOL-Programm gegliedert wird.

Gemäß dieser Vorschift gilt:

- Hinter dem Schlüsselwort *SELECT* ist der innerhalb des COBOL-Programms vereinbarte *interne Dateiname* aus dem FD-Eintrag aufzuführen.

- Hinter dem Schlüsselwort *TO* muß der *externe Dateiname* – eingeschlossen in Hochkommata (") – angegeben werden, unter dem die Datei vom Betriebssystem geführt wird.

Folglich muß in unserem Fall dem internen Dateinamen "artikel-datei" der externe Dateiname "artikel.txt" wie folgt zugeordnet werden:

```
INPUT-OUTPUT SECTION.
FILE-CONTROL.
     SELECT artikel-datei ASSIGN TO "artikel.txt"
     ORGANIZATION IS LINE SEQUENTIAL.
```

Die im Anschluß an die SELECT- und ASSIGN-Klauseln angegebene *ORGANIZATION-*Klausel der Form

```
ORGANIZATION IS LINE SEQUENTIAL
```

legt fest, daß die vereinbarte Datei durch ein Editierprogramm, das unter dem betreffenden Betriebssystem zur Verfügung steht (wie etwa das Programm *vi* unter UNIX bzw. das Programm *edlin* unter MS-DOS), bearbeitet werden kann.

Hinweis: Diese Klausel gehört *nicht* zum genormten COBOL-Sprachumfang. Sie kann allerdings als Bestandteil des *Industriestandards* aufgefaßt werden, da sie bei allen bekannten Herstellern in dem angegebenen Sinn verwendet wird.

1.7 Pufferbereiche für die Datei-Verarbeitung

Damit eine Datei auf einem magnetischen Datenträger bearbeitet werden kann, muß innerhalb des Hauptspeichers der DV-Anlage ein Speicherbereich zur Verfügung stehen, in dem Datensätze zwischengespeichert werden können. Dieser Speicherbereich wird *Puffer-Bereich* genannt und – je nach Art der Datei-Bearbeitung – als *Eingabe-Puffer* oder *Ausgabe-Puffer* bezeichnet.

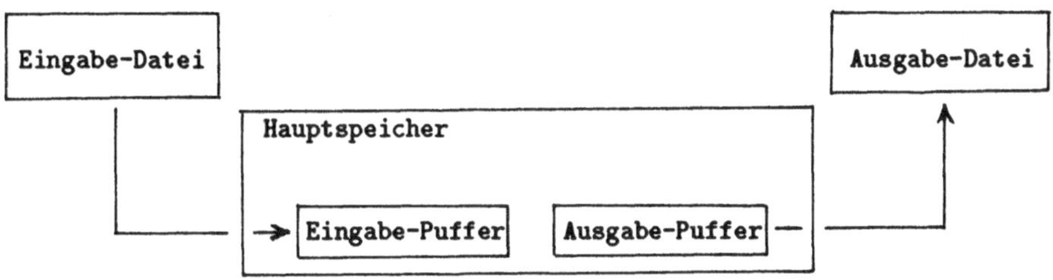

Soll eine Disketten- oder Magnetplatten-Datei erstellt oder deren Satzbestand um weitere Sätze ergänzt werden, so muß diese Datei als *Ausgabe-Datei* verarbeitet werden. Folglich muß ein *Ausgabe-Puffer* bereitstehen, in dem ein Datensatz zunächst aufgebaut werden kann, bevor er sich anschließend in die Datei ausgeben läßt.

Sind dagegen die Sätze einer bereits vorhandenen Disketten- oder Magnetplatten-Datei zu verarbeiten, so ist ein *Eingabe-Puffer* bereitzustellen. In diesen Puffer muß ein Satz aus der Datei zunächst übertragen werden, bevor er einer nachfolgenden Bearbeitung zugänglich ist.

Hinweis: Um die Darstellung zu vereinfachen, gehen wir im folgenden davon aus, daß ein Puffer-Bereich nur jeweils einen Satz aufnehmen kann. Diese Vorstellung reicht aus, um das Verarbeitungsprinzip zu verstehen. Der Tatbestand, daß unter Umständen mehrere Sätze innerhalb eines Puffers aufgebaut und gemeinsam in eine Datei übertragen werden, muß bei der Beschreibung des Lösungsplans nicht berücksichtigt werden.

Für die Einrichtung der Datei "artikel.txt" (mit dem internen Dateinamen "artikel-datei") muß somit ein Ausgabe-Puffer zur Verfügung stehen, in dem

die Artikelnummer, der Artikelname und der Artikelpreis (zu einem Datensatz) für die Übertragung zusammengestellt werden können.

Vor der Ausgabe des *ersten* Satzes muß dieser Ausgabe-Puffer somit die
folgenden Werte enthalten:

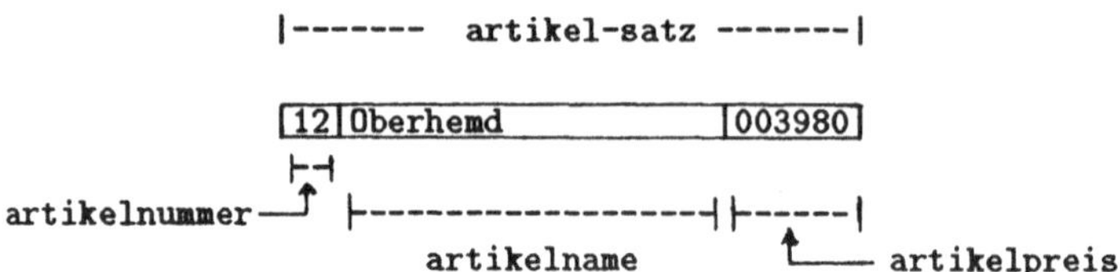

Damit sich die angegebenen Werte an die (für die Ablage auf dem magnetischen Datenträger) geforderten Zeichenpositionen übertragen lassen, stehen die Bezeichner zur Verfügung, die wir innerhalb der oben angegebenen
Datensatz-Beschreibung festgelegt haben.

Grundsätzlich wird der einer Datei zugeordnete Puffer-Bereich durch
diejenige Datensatz-Beschreibung festgelegt, die innerhalb des zur Datei
gehörenden FD-Eintrags angegeben ist.

Die Gesamtlänge des Datensatzes und somit die Zeichenzahl des Puffer-
Bereichs bestimmt sich aus der Summe aller Bytes, die durch die Picture-
Masken innerhalb der Datensatz-Beschreibung festgelegt sind.

Die Datensatz-Beschreibung stellt eine *Schablone* für den Zugriff auf die
einzelnen Teile des Puffer-Bereichs dar. Auf den jeweils gewünschten Bereich
des Puffers kann über denjenigen Bezeichner zugegriffen werden, der innerhalb der Datensatz-Beschreibung mit diesem Bereich korrespondiert. Dies
bedeutet umgekehrt, daß für jeden Teil des Puffers, auf den während der
Verarbeitung zugegriffen werden soll, eine geeignete Vereinbarung innerhalb
der zugehörigen Datensatz-Beschreibung vorgenommen werden muß.

So läßt sich z.B. in dem oben angegebenen Puffer-Bereich durch den Bezeichner "artikel-satz" auf den gesamten Pufferinhalt und durch den Bezeichner
"artikelpreis" auf den letzten Teil des Puffers (d.h. den Bereich der Zeichenpositionen 23 bis 28) zugreifen.

1.8   Programm-Aufbau

Im Hinblick auf unsere Aufgabenstellung AUF1 müssen wir lernen, wie sich
die einzelnen Daten über die Tastatur in die Datenfelder des Ausgabe-Puffers

"artikel-satz" und von dort aus als Datensatz in die aufzubauende Datei "artikel.txt" übertragen lassen.

Bevor wir diesen Vorgang näher analysieren und die zur Beschreibung erforderlichen COBOL-Sprachelemente kennenlernen, stellen wir zunächst das Gerüst für unser zu entwickelndes COBOL-Programm vor:

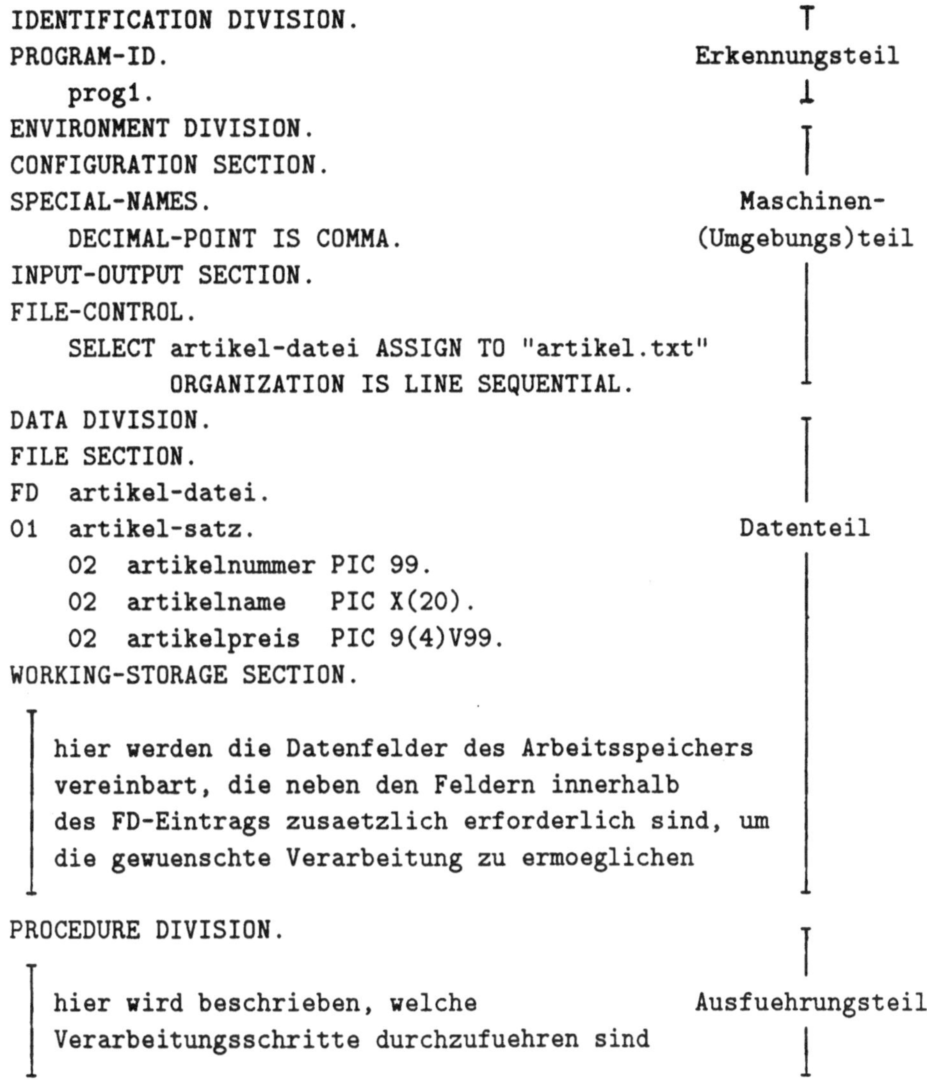

```
IDENTIFICATION DIVISION.                              ⊤
PROGRAM-ID.                                    Erkennungsteil
    prog1.                                            ⊥
ENVIRONMENT DIVISION.                                 ⊤
CONFIGURATION SECTION.                                │
SPECIAL-NAMES.                                 Maschinen-
    DECIMAL-POINT IS COMMA.                    (Umgebungs)teil
INPUT-OUTPUT SECTION.                                 │
FILE-CONTROL.                                         │
    SELECT artikel-datei ASSIGN TO "artikel.txt"      │
           ORGANIZATION IS LINE SEQUENTIAL.           ⊥
DATA DIVISION.                                        ⊤
FILE SECTION.                                         │
FD  artikel-datei.                                    │
01  artikel-satz.                              Datenteil
    02  artikelnummer PIC 99.                         │
    02  artikelname   PIC X(20).                      │
    02  artikelpreis  PIC 9(4)V99.                    │
WORKING-STORAGE SECTION.                              │
                                                      │
    hier werden die Datenfelder des Arbeitsspeichers  │
    vereinbart, die neben den Feldern innerhalb       │
    des FD-Eintrags zusaetzlich erforderlich sind, um │
    die gewuenschte Verarbeitung zu ermoeglichen      │

PROCEDURE DIVISION.                                   ⊤
                                                      │
    hier wird beschrieben, welche            Ausfuehrungsteil
    Verarbeitungsschritte durchzufuehren sind         │
                                                      ⊥
```

Aus diesem Programm-Gerüst ist zu entnehmen, daß ein COBOL-Programm aus vier *Programmteilen* (DIVISION) besteht, die in der folgenden Reihenfolge aufzuführen sind:

- IDENTIFICATION DIVISION,

- ENVIRONMENT DIVISION,

- DATA DIVISION und

- PROCEDURE DIVISION.

Im einleitenden Programmteil *IDENTIFICATION DIVISION* – dem *Erkennungsteil* – muß dem COBOL-Programm ein Bezeichner als *Programmname* zugeordnet werden. Dieser Bezeichner ist innerhalb des Paragraphen *PROGRAM-ID* einzutragen.

Wir haben den Namen "prog1" zur Kennzeichnung unseres ersten COBOL-Programms gewählt.

Hinweis: Fortan werden wir jedes COBOL-Programm, das wir zur Lösung einer Aufgabe entwickeln, durch einen Namen kennzeichnen, der durch die Zeichenfolge "prog" eingeleitet und durch eine Zahl beendet wird, die mit der zugehörigen Aufgabennummer korrespondiert.

Im zweiten Programmteil *ENVIRONMENT DIVISION* – dem *Maschinen-(Umgebungs)teil* – werden betriebssystem- und anwendungs-spezifische Angaben gemacht.

So wird im Kapitel *CONFIGURATION SECTION* innerhalb des Paragraphens *SPECIAL-NAMES* durch die *DECIMAL-POINT*-Klausel

```
DECIMAL-POINT IS COMMA
```

festgelegt, daß das Dezimalkomma verwendet wird, um den ganzzahligen Anteil von den Nachkommastellen eines nicht ganzzahligen numerischen Wertes zu trennen.

Hinweis: Diese im deutschen Sprachraum übliche Darstellungsform muß gesondert vereinbart werden, weil sie von der Voreinstellung abweicht, d.h. von der im angelsächsischen Sprachraum üblichen Form der Trennung durch einen Dezimalpunkt.

Hinter dem Kapitel *CONFIGURATION SECTION* ist das Kapitel *INPUT-OUTPUT SECTION* anzugeben, in dem durch den Paragraphen *FILE-CONTROL* die Verbindung vom internen Dateinamen zum externen Dateinamen hergestellt wird.

Im dritten Programmteil *DATA DIVISION* – dem *Datenteil* – werden alle Dateien und alle diejenigen Datenfelder vereinbart, die für die Speicherung von Daten während der Verarbeitung zur Verfügung stehen sollen. Der Programmteil *DATA DIVISION* ist in das Kapitel *FILE SECTION* und in das Kapitel *WORKING-STORAGE SECTION* gegliedert.

In der *FILE SECTION* sind alle FD-Einträge aufzuführen. Sind mehrere FD-Einträge anzugeben, so dürfen sie in beliebiger Reihenfolge eingetragen werden.

In der *WORKING-STORAGE SECTION* – dem *Arbeitsspeicher* – sind alle diejenigen Datenfelder zu vereinbaren, die zusätzlich zu den Puffer-Bereichen für die Eingabe- und die Ausgabe-Dateien benötigt werden, damit die jeweils erforderliche Speicherung von Daten möglich wird.

Die Verarbeitung selbst – z.B. die Vorschrift, wie Daten in Datenfelder zu übertragen sind – ist innerhalb des *Ausführungsteils*, d.h. der *PROCEDURE DIVISION*, anzugeben.

Die einzelnen Verarbeitungsschritte werden durch *COBOL-Anweisungen* beschrieben. Jede Anweisung wird durch ein für sie charakteristisches *Schlüsselwort* eingeleitet, dem anweisungs-spezifische Angaben folgen.

Z.B. wird der zur Verarbeitung der Datei "artikel-datei" erforderliche Puffer-Bereich "artikel-satz" durch die Ausführung der *OPEN*-Anweisung in der Form

```
OPEN OUTPUT artikel-datei
```

eingerichtet.

Die Syntax der OPEN-Anweisung, die durch den genormten Sprachstandard von COBOL festgelegt ist, besagt, daß hinter dem für diese Anweisung charakteristischen Schlüsselwort *OPEN* das Schlüsselwort *OUTPUT* und hinter diesem wiederum ein *Dateiname* folgen muß.

Durch die angegebene OPEN-Anweisung wird ein Ausgabe-Puffer eingerichtet, so daß die Datei "artikel-datei" als Ausgabe-Datei bearbeitet werden kann.

Gemäß dem oben angegebenen FD-Eintrag, in dem der Satzbau der Datei "artikel-datei" beschrieben ist, trägt der Ausgabe-Puffer den Namen "artikel-satz".

1.9   Verbale Beschreibung der Lösung von AUF1

Die Erfassung unserer Artikeldaten soll an einem Bildschirmarbeitsplatz durchgeführt werden. Jede Eingabe, die über die Tastatur durchzuführen ist, muß in geeigneter Form am Bildschirm angefordert werden.

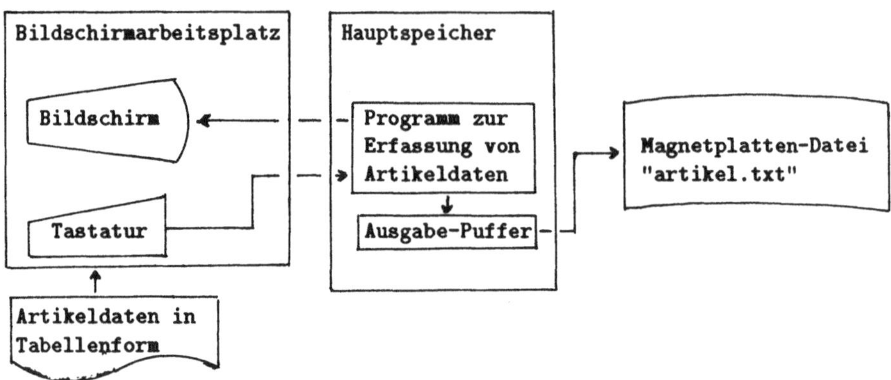

Da die Artikeldaten unter Umständen nicht alle auf einmal erfaßt werden (und später hinzukommende Artikeldaten mit demselben Programm hinzugefügt werden sollen), muß zu Beginn des Dialogs angefragt werden, ob die Datei "artikel.txt" bereits vorhanden oder zunächst neu einzurichten ist. Dazu soll der Text "Ist die Artikel-Datei bereits vorhanden?(J/N):", der auf dem Bildschirm anzuzeigen ist, eine Eingabe anfordern.

Nach der Beantwortung dieser Frage sind die Texte "Artikelnummer:", "Artikelname:" und "Artikelpreis:" – in dieser Reihenfolge – nacheinander am Bildschirm anzuzeigen. Auf jede dieser Anforderungen hin muß das jeweils gewünschte Datum über die Tastatur eingegeben und in einem geeigneten Datenfeld im Hauptspeicher zwischengespeichert werden. Daraufhin sind die Daten an die zugehörigen Positionen des Ausgabe-Puffers zu übertragen. Anschließend ist dessen Inhalt als ein Datensatz in die Datei "artikel.txt" auszugeben.

Die Eingabe der jeweils angeforderten Artikeldaten ist solange fortzusetzen, bis der Inhalt der letzten Tabellenzeile in die Datei übertragen ist. Um die Erfassung beenden zu können, werden wir – jeweils nach der Eingabe einer Artikelnummer, eines Artikelnamens und eines Artikelpreises – durch die Ausgabe des Textes "Ende?(j/J)" abfragen, ob mit den gerade übertragenen Daten der letzte Satz erfaßt wurde. Durch die Eingabe des Zeichens "j" bzw. des Zeichens "J" fordern wir das Ende der Verarbeitung. Geben wir

ein anderes Zeichen ein oder drücken wir nur die Return-Taste, so soll die
Erfassung fortgesetzt werden.

Zu Beginn der Erfassung soll sich somit der Dialog wie folgt darstellen:

```
Ist die Artikel-Datei bereits vorhanden?(J/N): N
Artikelnummer: 12
Artikelname:   Oberhemd
Artikelpreis:  0039,80
Ende?(j/J):N
Artikelnummer: _
```

1.10   Felder der WORKING-STORAGE SECTION

1.10.1   Vereinbarung von Datenfeldern

Zur Aufnahme der über die Tastatur eingegebenen Artikeldaten sehen wir
die folgendermaßen vereinbarten Datenfelder vor:

```
WORKING-STORAGE SECTION.
01  artikelnummer-ein PIC 99.
01  artikelname-ein   PIC X(20).
01  artikelpreis-ein  PIC 9(4),99.
```

Diese Vereinbarungen sind in der *WORKING-STORAGE SECTION* eingetragen, weil es sich um Felder zur Zwischenspeicherung handelt, die
zusätzlich zu den Datenfeldern des Ausgabe-Puffers "artikel-satz" für die
Verarbeitung zur Verfügung stehen sollen.

Hinweis: Zur Unterscheidung haben wir in der Namensgebung den ursprünglich verwendeten Bezeichnern die Endung "-ein" hinzugefügt.

Im Gegensatz zur Datensatz-Beschreibung von "artikel-satz" haben wir diese
Felder *nicht* zu einem Datensatz zusammengefaßt, was z.B. in der folgenden
Form möglich wäre:

```
01  tastatur-ein.
    02  artikelnummer-ein PIC 99.
    02  artikelname-ein   PIC X(20).
    02  artikelpreis-ein  PIC 9(4),99.
```

Werden eigenständige elementare Datenfelder innerhalb der WORKING-
STORAGE SECTION vereinbart, so nennen wir die zugehörige Vereinbarung eine *Datenfeld-Beschreibung*. Eine derartige Datenfeld-Beschreibung
leiten wir ebenfalls durch die Stufennummer *01* ein.

Hinweis: Anstelle der Stufennummer *01* darf bei einer Datenfeld-Vereinbarung die besondere Stufennummer 77 verwendet werden. Diese Stufennummer signalisiert, daß es sich
um *keine* Datengruppe handelt. Die Stufennummer 77 darf *nicht* in einem FD-Eintrag
verwendet werden – auch dann nicht, wenn der Datensatz die Struktur eines elementaren
Datenfeldes besitzt.

1.10.2   Numerisch-druckaufbereitete Datenfelder

In der oben angegebenen Datenfeld-Beschreibung

```
01  artikelpreis-ein   PIC 9(4),99.
```

ist das Komma "," als *Maskenzeichen* innerhalb der Picture-Maske
aufgeführt. Dies soll festlegen, daß das Komma zur Trennung von ganzzahligem Anteil und den beiden Nachkommastellen als eigenständiges Zeichen abgespeichert wird.

Hinweis: Dies gilt nur dann, wenn im Paragraphen SPECIAL-NAMES durch die
DECIMAL-POINT-Klausel die im deutschen Sprachraum übliche Trennung von ganzzahligem Anteil und Nachkommastellen vereinbart ist.

Diese Vereinbarung ist deswegen erforderlich, weil ein Artikelpreis sinnvoller-
weise mit dem zugehörigen Dezimalkomma über die Tastatur eingegeben
werden sollte. Demzufolge muß im Datenfeld eine Zeichenposition für die
Ablage des Kommas vorgesehen werden.

Numerische Datenfelder, mit deren Inhalten *nicht* gerechnet werden kann,
heißen *numerisch-druckaufbereitete* Datenfelder. Derartige Felder sind dann
zu vereinbaren, wenn sie Werte über die Tastatur aufnehmen sollen, die *nicht*
ganzzahlig sind.

Hinweis: Da bei der Dateneingabe mit der ACCEPT-Anweisung (siehe Abschnitt 1.12.6),
die nach den Regeln des genormten Sprachumfangs COBOL-85 ausgeführt wird, keine
Umwandlung von Werten erfolgen kann, läßt sich ein über die Tastatur eingegebenes
Komma *nicht ausblenden*.

Sind *negative* Werte über die Tastatur einzugeben, so ist das Feld, das diese
Werte aufnehmen soll, ebenfalls als *numerisch-druckaufbereitetes* Feld zu
vereinbaren. Dazu läßt sich das Maskenzeichen + als *gleitendes Vorzeichen*
einsetzen.

Um z.B. den Wert " -729,15" als negativen Kontostand aufnehmen zu
können, muß das Feld "kontostand-ein" wie folgt definiert sein:

01   kontostand-ein PIC +(5)9,99.

Die Picture-Maske zeigt an, daß das Vorzeichen vor der ersten signifikanten Ziffer des ganzzahligen Anteils eingetragen wird. Sofern das Vorzeichen dadurch nicht an der ersten Zeichenposition des Feldes erscheint, sind vorausgehende Zeichenpositionen mit Leerzeichen gefüllt.

1.10.3   Bedingungsnamen

Damit ein über die Anforderung "Ist die Artikel-Datei bereits vorhanden?(J/N):" bzw. "Ende?(j/J)" eingegebenes Zeichen – zur nachfolgenden Untersuchung – geeignet abgespeichert werden kann, treffen wir innerhalb der WORKING-STORAGE SECTION zusätzlich die folgenden Vereinbarungen:

```
01   vorhanden-ein PIC X.
     88   vorhanden VALUE "j" "J".
01   ende-ein PIC X.
     88   ende VALUE "j" "J".
```

Dadurch sind die Felder "vorhanden-ein" und "ende-ein" als alphanumerische Datenfelder definiert, die aus jeweils einem Byte bestehen. Die sich an die Vereinbarung anschließende Angabe von

```
88   vorhanden VALUE "j" "J".
```

bzw.

```
88   ende VALUE "j" "J".
```

wird jeweils durch die gesonderte *Stufennummer 88* eingeleitet. Durch diese Einträge werden "vorhanden" und "ende" als *Bedingungsnamen* definiert, die sich innerhalb der PROCEDURE DIVISION zur abkürzenden Bezeichnung von Bedingungen – als *sprechende Namen* – verwenden lassen.

Der Bedingungsname "vorhanden" ist eine Kurzform der Bedingung:

```
vorhanden-ein = "j" OR vorhanden-ein = "J"
```

Diese Bedingung trifft dann zu, wenn das Feld "vorhanden-ein" das Zeichen "j" *oder* (OR) das Zeichen "J" enthält. Jedes dieser beiden Zeichen soll kennzeichnen, daß die Artikel-Datei bereits vorhanden ist.

Hinweis: Die beiden Zeichen "j" und "J" sind innerhalb der VALUE-Klausel – jeweils eingefaßt durch einleitendes und abschließendes Hochkomma – hinter dem Bedingungsnamen "vorhanden" aufgeführt. Der gesamte, zur Stufennummer 88 gehörende Eintrag wird durch einen Punkt abgeschlossen.

Als zweiten Bedingungsnamen haben wir den Bezeichner "ende" vereinbart. Mit ihm wird die folgende Bedingung abgekürzt:

```
ende-ein = "j" OR ende-ein = "J"
```

Hinweis: Die Werte "j" und "J" sind innerhalb der VALUE-Klausel – jeweils eingefaßt durch einleitendes und abschließendes Hochkomma – hinter dem Bedingungsnamen "ende" aufgeführt.

Durch diese Bedingung wird überprüft, ob im Feld "ende-ein" entweder das Zeichen "j" *oder* (OR) das Zeichen "J" enthalten ist. Durch diese Zeichen soll gekennzeichnet werden, daß das Ende der Verarbeitung gewünscht wird.

Nachdem wir alle für die Verarbeitung erforderlichen Bezeichner bestimmt haben, stellt sich die DATA DIVISION insgesamt wie folgt dar:

```
DATA DIVISION.
FILE SECTION.
FD   artikel-datei.
01   artikel-satz.
     02   artikelnummer PIC 99.
     02   artikelname   PIC X(20).
     02   artikelpreis  PIC 9(4)V99.
WORKING-STORAGE SECTION.
01   artikelnummer-ein PIC 99.
01   artikelname-ein   PIC X(20).
01   artikelpreis-ein  PIC 9(4),99.
01   vorhanden-ein PIC X.
     88   vorhanden VALUE "j" "J".
01   ende-ein PIC X.
     88   ende VALUE "j" "J".
```

1.11 Struktogramm zur Lösung von AUF1

Bevor wir den oben angegebenen, *verbal* gehaltenen Entwurf der Lösungsbeschreibung in die erforderlichen COBOL-Anweisungen der PROCEDURE DIVISION umformen, beschreiben wir den Lösungsplan zunächst in *graphischer* Form. Wir wählen dazu die Struktogramm-Darstellung, weil sich dadurch der Lösungsplan übersichtlicher und strukturierter beschreiben läßt.

In unserem Fall können wir das auf der nächsten Seite abgebildete Struktogramm angeben.

Grundsätzlich besteht ein *Struktogramm* aus einem oder mehreren *Strukturblöcken*, die jeweils einen oder mehrere Verarbeitungsschritte kennzeichnen und bei der Verarbeitung von *oben nach unten* durchlaufen werden.

Ein Struktogramm wird von uns durch einen einleitenden Namen – in unserem Fall durch den Namen "ablauf" – benannt. Dieser Name wird bei der Umformung in die PROCEDURE DIVISION als *Prozedurname* – zur Kennzeichnung einer zusammenhängenden Folge von COBOL-Anweisungen – übernommen.

Bis auf die durch "(3)" und "(6)" markierten Blöcke beschreiben alle Blöcke *elementare* Verarbeitungsschritte.

Der Block "(3)" wird *Bedingungsblock* genannt, da er eine *Programmverzweigung* beschreibt. Dabei wird in Abhängigkeit von der im Kopfteil des Blocks angegebenen Bedingung "vorhanden" festgelegt, daß bei *zutreffender* Bedingung der durch "ja" gekennzeichnete *Then-Teil* und bei *nicht erfüllter* Bedingung der durch "nein" gekennzeichnete *Else-Teil* zu durchlaufen ist.

Der Block "(6)" kennzeichnet die wiederholte Ausführung der Blöcke "(7)" bis "(18)" in Form einer *Programmschleife*. Deshalb wird dieser Block als *Schleifenblock* bezeichnet. Die Programmschleife wird dann abgebrochen, wenn die *Abbruch-Bedingung* "ende" zutrifft, d.h. wenn das Zeichen "j" oder "J" auf die Anforderung "Ende?(j/J)" eingegeben wurde. Diese Abbruch-Bedingung wird jeweils am Schleifenende, d.h. nach Ausführung des Blocks "(18)" geprüft.

ablauf

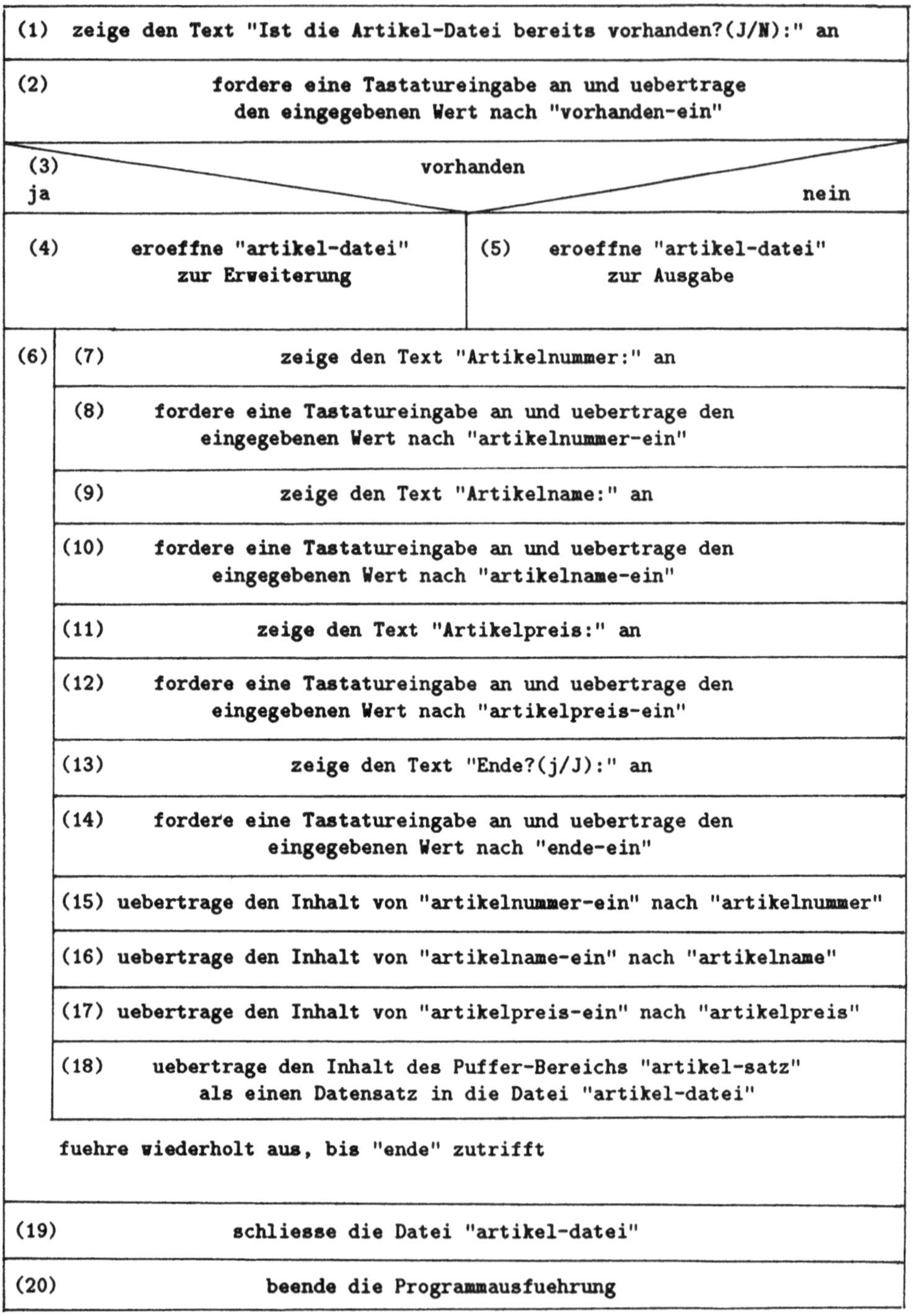

(1)	zeige den Text "Ist die Artikel-Datei bereits vorhanden?(J/N):" an
(2)	fordere eine Tastatureingabe an und uebertrage den eingegebenen Wert nach "vorhanden-ein"

(3) vorhanden
ja   nein

(4) eroeffne "artikel-datei" zur Erweiterung	**(5)** eroeffne "artikel-datei" zur Ausgabe

(6)

(7)	zeige den Text "Artikelnummer:" an
(8)	fordere eine Tastatureingabe an und uebertrage den eingegebenen Wert nach "artikelnummer-ein"
(9)	zeige den Text "Artikelname:" an
(10)	fordere eine Tastatureingabe an und uebertrage den eingegebenen Wert nach "artikelname-ein"
(11)	zeige den Text "Artikelpreis:" an
(12)	fordere eine Tastatureingabe an und uebertrage den eingegebenen Wert nach "artikelpreis-ein"
(13)	zeige den Text "Ende?(j/J):" an
(14)	fordere eine Tastatureingabe an und uebertrage den eingegebenen Wert nach "ende-ein"
(15)	uebertrage den Inhalt von "artikelnummer-ein" nach "artikelnummer"
(16)	uebertrage den Inhalt von "artikelname-ein" nach "artikelname"
(17)	uebertrage den Inhalt von "artikelpreis-ein" nach "artikelpreis"
(18)	uebertrage den Inhalt des Puffer-Bereichs "artikel-satz" als einen Datensatz in die Datei "artikel-datei"

fuehre wiederholt aus, bis "ende" zutrifft

(19)	schliesse die Datei "artikel-datei"
(20)	beende die Programmausfuehrung

1.12 Grundlegende COBOL-Anweisungen

Jeder Block des Struktogramms wird in jeweils eine COBOL-Anweisung
übergeführt. Um diese Umwandlung der Strukturblöcke in die Angaben
der PROCEDURE DIVISION vornehmen zu können, stellen wir zunächst
die hierzu erforderlichen Anweisungen vor.

1.12.1 OPEN-Anweisung

Bevor eine Datei bearbeitet werden kann, muß sie zur Verarbeitung *eröffnet*
werden. Hierzu dient die *OPEN*-Anweisung, die für eine *Eingabe-Datei* in
der Form

```
OPEN INPUT dateiname
```

und für eine *Ausgabe-Datei* in der Form

```
OPEN OUTPUT dateiname
```

anzugeben ist.

Soll der Satzbestand einer bereits eingerichteten Datei um einen oder
mehrere Sätze *ergänzt* werden, so ist diese Datei zur *Erweiterung* zu eröffnen
und dazu eine *OPEN*-Anweisung der Form

```
OPEN EXTEND dateiname
```

anzugeben.

Durch die Ausführung einer OPEN-Anweisung wird der für die jeweilige
Bearbeitung erforderliche Puffer-Bereich im Hauptspeicher eingerichtet.

1.12.2 WRITE-Anweisung

Soll der Inhalt des Ausgabe-Puffers als ein Datensatz in die zugehörige
Ausgabe-Datei übertragen werden, so ist die *WRITE*-Anweisung in der Form

```
WRITE datensatzname
```

einzusetzen. Hinter dem Schlüsselwort *WRITE* muß der Bezeichner
aufgeführt werden, der den Ausgabe-Puffer adressiert. Dies ist der Datensatzname aus dem FD-Eintrag der Ausgabe-Datei, der innerhalb der
zugehörigen Datei-Beschreibung durch die Stufennummer 01 eingeleitet
wird.

1.12.3 CLOSE-Anweisung

Jede zur Bearbeitung eröffnete Datei muß – vor dem Programmende – wieder von der Verarbeitung abgemeldet werden. Dazu ist die *CLOSE*-Anweisung in der Form

```
CLOSE dateiname
```

einzusetzen.

1.12.4 MOVE-Anweisung

Zur Übertragung von Daten innerhalb des Hauptspeichers, bei der ein Wert eines *Sendefelds* einem *Empfangsfeld* zugewiesen werden soll, wird die *MOVE*-Anweisung in der folgenden Form eingesetzt:

```
MOVE sendefeld TO empfangsfeld
```

Die Übertragung erfolgt in Abhängigkeit davon, ob es sich beim Sende- und Empfangsfeld um numerische oder um alphanumerische Datenfelder handelt. In beiden Fällen orientiert sich die Art der Übertragung am jeweiligen Empfangsfeld.

Bei *alphanumerischen* Feldern erfolgt die Übertragung stets linksbündig, wobei längere Empfangsfelder mit *Leerzeichen* aufgefüllt werden, so daß sich die Art der Übertragung durch das folgende Schema kennzeichnen läßt:

beide Felder sind gleichlang:

```
vorher:  Sendefeld  [A B C D]      Empfangsfeld  [a b c d]

nachher: Sendefeld  [A B C D]      Empfangsfeld  [A B C D]
```

das Sendefeld ist länger als das Empfangsfeld:

```
vorher:  Sendefeld  [A B C D]      Empfangsfeld  [a b]

nachher: Sendefeld  [A B C D]      Empfangsfeld  [A B]
```

<u>das Sendefeld ist kürzer als das Empfangsfeld:</u>

      vorher: Sendefeld [A B]   Empfangsfeld [a b c d]

      nachher: Sendefeld [A B]   Empfangsfeld [A B ␣ ␣]

In der angegebenen Form wird auch ein *Gruppen-MOVE* durchgeführt, d.h. an Sende- bzw. Empfangsfeldposition ist ein Datenfeld aufgeführt, das in zwei oder mehrere Datenfelder gegliedert ist.

Bei *numerischen* Feldern richtet sich die Art der Übertragung an der Position des (virtuellen) Dezimalkommas aus. Der ganzzahlige Bereich wird getrennt vom Nachkommastellenbereich übertragen, wobei ein jeweils kürzerer Bereich im Empfangsfeld durch *führende* bzw. *nachfolgende Nullen* ergänzt wird. Die Art der Übertragung läßt sich durch das folgende Schema charakterisieren:

Hinweis: Die Stellung des virtuellen (gedachten) Dezimalkommas kennzeichnen wir durch das Zeichen "^".

<u>das Sendefeld und das Empfangsfeld sind gleichlang:</u>

      vorher: Sendefeld [1 2 3 4]   Empfangsfeld [5 6 7 8]
                             ^   ^

      nachher: Sendefeld [1 2 3 4]   Empfangsfeld [1 2 3 4]
                             ^   ^

<u>das Sendefeld ist länger als das Empfangsfeld:</u>

      vorher: Sendefeld [1 2 3 4]   Empfangsfeld [5 6]
                             ^   ^

      nachher: Sendefeld [1 2 3 4]   Empfangsfeld [2 3]
                             ^   ^

<u>das Sendefeld ist kürzer als das Empfangsfeld:</u>

      vorher: Sendefeld [1 2]   Empfangsfeld [5 6 7 8]
                            ^   ^

      nachher: Sendefeld [1 2]   Empfangsfeld [0 1 2 0]
                            ^   ^

Auch bei *numerisch-druckaufbereiteten* Feldern wird die Übertragung am
Dezimalkomma ausgerichtet.

Dies bedeutet für die durch

```
01  artikelpreis-ein PIC 9(4),99.
01  artikelpreis     PIC 9(4)V99.
```

definierten Felder, daß die MOVE-Anweisung

```
MOVE artikelpreis-ein TO artikelpreis
```

den Wert des Sendefelds

artikelpreis-ein |0   0   3   9   ,   8   0|

wie folgt in das Empfangsfeld überträgt:

artikelpreis |0   0   3   9   8   0|

1.12.5 DISPLAY-Anweisung

Sollen Texte auf dem Bildschirm angezeigt werden, so ist dazu die *DISPLAY-*
Anweisung in der Form

```
DISPLAY "text" WITH NO ADVANCING
```

bzw. in der Form

```
DISPLAY bezeichner WITH NO ADVANCING
```

zu verwenden. Der als Konstante aufgeführte Text bzw. der in dem
angegebenen Datenfeld gespeicherte Text wird mit Beginn der nächsten Bildschirmzeile angezeigt, d.h. unter der durch den Cursor (Schreibmarke auf
dem Bildschirm) aktuell gekennzeichneten Zeile.
Durch die Angabe der Klausel *WITH NO ADVANCING* ist gewährleistet,
daß der Cursor nach der Anzeige unmittelbar hinter dem Text *verharrt* und
nicht auf den Anfang der nächsten Bildschirmzeile wechselt. Dies ist vorteil-
haft, wenn durch den angezeigten Text eine Eingabe angefordert wird und
die daraufhin über die Tastatur eingegebenen Zeichen unmittelbar hinter
dem Text auf dem Bildschirm angezeigt werden sollen.

1.12.6 ACCEPT-Anweisung

Um eine Dateneingabe von der Tastatur anzufordern, muß eine *ACCEPT-*Anweisung eingesetzt werden. Nach den Regeln des genormten Sprachumfangs COBOL-85 besitzt sie die Form:

```
ACCEPT bezeichner
```

Bei der Ausführung dieser Anweisung werden die eingegebenen Zeichen *linksbündig* in das Datenfeld *bezeichner* übertragen.

Hinweis: Die über die Tastatur eingegebenen Zeichen werden – als Echo – auf dem Bildschirm angezeigt.

Die Eingabe ist beendet, wenn das Feld *bezeichner* vollständig mit Zeichen gefüllt ist oder wenn die *Return-Taste* gedrückt wird.

Die Leistungsfähigkeit der ACCEPT-Anweisung, die der Standard COBOL-85 vorsieht, wird in der Praxis oftmals übertroffen. Unter Umständen ist es durch die Ausführung einer ACCEPT-Anweisung möglich, daß das durch

```
01   artikelpreis-ein PIC 9(4)V99.
```

vereinbarte Feld "artikelpreis-ein" durch die Eingabe von "39,8" mit der Zeichenfolge "003980" besetzt wird. Bei der Übertragung wird somit das Dezimalkomma ausgeblendet, und es werden führende Nullen ergänzt, d.h. es erfolgt eine Übertragung nach den Regeln der MOVE-Anweisung.

1.12.7 IF-Anweisung

Zur Kennzeichnung einer *Programmverzweigung*, die im Struktogramm durch den *Bedingungsblock*

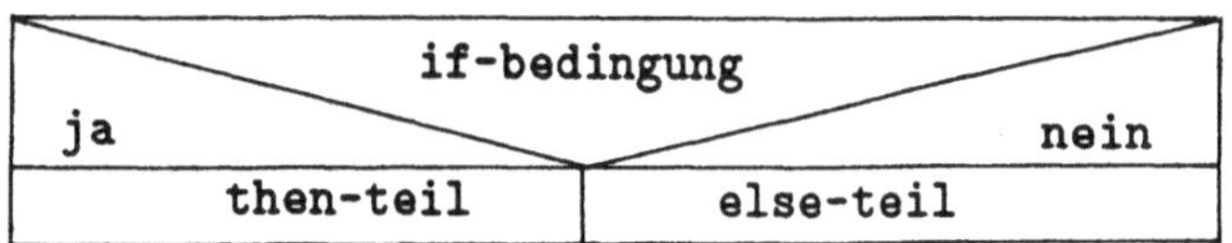

beschrieben wird, läßt sich die Steueranweisung *IF* in der Form

```
IF if-bedingung
   THEN then-teil
   ELSE else-teil
END-IF
```

verwenden. Die IF-Anweisung beginnt mit dem Schlüsselwort *IF* und endet
mit dem Schlüsselwort *END-IF*. Die Verzweigung wird in Abhängigkeit von
der hinter dem Schlüsselwort *IF* aufgeführten *If-Bedingung* – wie z.B. der
Bedingung "vorhanden" – durchgeführt. Bei *erfüllter* If-Bedingung wird der
Then-Teil ausgeführt, d.h. alle Anweisungen zwischen den Schlüsselwörtern
THEN und ELSE. Bei *nicht* zutreffender If-Bedingung wird der *Else-Teil*
durchlaufen, d.h. alle Anweisungen zwischen den Schlüsselwörtern *ELSE* und
END-IF werden ausgeführt.

Ist bei *nicht* zutreffender If-Bedingung *keine* Verarbeitung durchzuführen,
so kann als Else-Teil die *CONTINUE*-Anweisung in der Form

```
CONTINUE
```

angegeben oder aber die *IF*-Anweisung in der Form

```
IF if-bedingung
   THEN then-teil
END-IF
```

abgekürzt werden.

Hinweis: Es ist *nicht* erlaubt, auf das Schlüsselwort *THEN* mit nachfolgendem Then-Teil
zu verzichten. Gegebenenfalls muß die If-Bedingung durch den logischen Operator *NOT*
(siehe unten) eingeleitet werden.

1.12.8 Bedingungen und arithmetische Ausdrücke

Als *If-Bedingung* können Bedingungsnamen und *einfache Bedingungen* der
Form

```
arith-ausdruck-1   vergleichsoperator arith-ausdruck-2
```

mit den folgenden *Vergleichsoperatoren* verwendet werden:

- $<$ (kleiner),

- $>$ (größer),

- $=$ (gleich),

- NOT $=$ (ungleich),

- $<=$ (kleiner oder gleich) und

- $>=$ (größer oder gleich).

Dabei sind *arith-ausdruck-1* und *arith-ausdruck-2* Platzhalter für arithmetische Ausdrücke.

Grundsätzlich wird unter einem *arithmetischen Ausdruck*

- ein numerisches Feld,

- ein numerischer Wert, oder

- eine Folge von numerischen Feldern bzw. numerischen Werten verstanden, die durch die folgenden Operationszeichen miteinander verknüpft sind:

  - $+$ (Addition),

  - $-$ (Subtraktion),

  - $*$ (Multiplikation),

  - $/$ (Division) und

  - $**$ (Potenzierung).

Bei der Auswertung eines arithmetischen Ausdrucks wird bei einem numerischen Feld der aktuell eingetragene numerische Wert ermittelt. Sind mehrere Operatoren im arithmetischen Ausdruck enthalten, so erfolgt die Auswertung von *links nach rechts* unter Beachtung der bekannten *Prioritätsregel*, daß *eine Punkt- vor einer Strichrechnung* durchgeführt wird. Diese Reihenfolge läßt sich durch das Setzen von öffnender runder Klammer "(" und dazu korrespondierender schließender runder Klammer ")" ändern.

Hinweis: Vor und hinter einem Operationszeichen muß *mindestens* ein Leerzeichen angegeben werden.

Als If-Bedingungen sind nicht nur einfache, sondern auch *zusammengesetzte Bedingungen* erlaubt, bei denen eine oder mehrere einfache Bedingungen durch die logischen Operatoren *NOT* (logische Verneinung), *OR* (logisches Oder) oder *AND* (logisches Und) miteinander verbunden sind.

Ist die Bedingung *bedingung* erfüllt, so trifft die Bedingung

```
NOT bedingung
```

nicht zu. Ist dagegen *bedingung* unzutreffend, so ist "*NOT bedingung*" erfüllt. Nur dann, wenn die beiden Bedingungen *bedingung-1* und *bedingung-2* gleichzeitig zutreffen, ist die Bedingung

```
bedingung-1 AND bedingung-2
```

erfüllt. Andernfalls trifft sie *nicht* zu.
Die Bedingung

```
bedingung-1 OR bedingung-2
```

ist dann erfüllt, wenn entweder *bedingung-1* oder *bedingung-2* oder beide Bedingungen zutreffen. Diese zusammengesetzte Bedingung ist nur dann *nicht* erfüllt, wenn beide Bedingungen *nicht* zutreffen.

Folgen mehrere logische Operatoren aufeinander, so werden zunächst alle NOT-Operatoren, anschließend alle AND-Operatoren und danach alle OR-Operatoren angewandt. Mehrere aufeinanderfolgende, durch AND bzw. OR verbundene Bedingungen werden dabei stets von *links nach rechts* ausgewertet.

1.12.9 PERFORM-Anweisung

Zur Beschreibung einer *Programmschleife* läßt sich die Steueranweisung *PERFORM* in der Form

```
PERFORM WITH TEST AFTER UNTIL perform-bedingung

   perform-block

END-PERFORM
```

einsetzen.   Die PERFORM-Anweisung beginnt mit dem Schlüsselwort *PERFORM* und endet mit dem Schlüsselwort *END-PERFORM*. Es werden alle innerhalb des *Perform-Blocks* angegebenen Anweisungen wiederholt ausgeführt.   Die Wiederholung *endet* dann, wenn die hinter dem Schlüsselwort *UNTIL* aufgeführte *Perform-Bedingung* zutrifft. Diese Bedingung, die genauso wie die If-Bedingung eine einfache oder eine zusammengesetzte Bedingung sein darf, wird jeweils am *Ende* des Perform-Blocks überprüft, weil die Klausel *WITH TEST AFTER* hinter dem Schlüsselwort *PERFORM* aufgeführt ist. Somit wird durch diese *Steueranweisung* der folgende *Schleifenblock* umgesetzt:

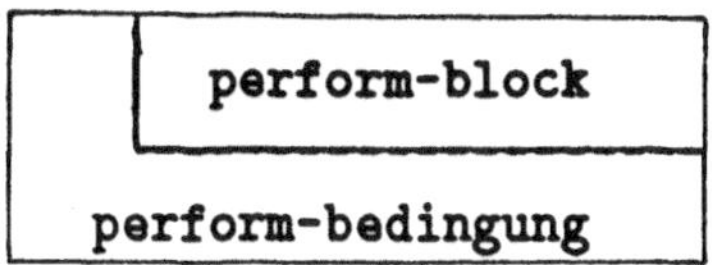

Soll die Perform-Bedingung stets *vor* der Ausführung des Perform-Blocks überprüft werden, so ist anstelle der Klausel *WITH TEST AFTER* die Klausel *WITH TEST BEFORE* anzugeben, die auch weggelassen werden darf, da ihre Wirkung für die Ausführung einer PERFORM-Anweisung voreingestellt ist. Diese Verarbeitung einer Programmschleife wird durch den folgenden Strukturblock beschrieben:

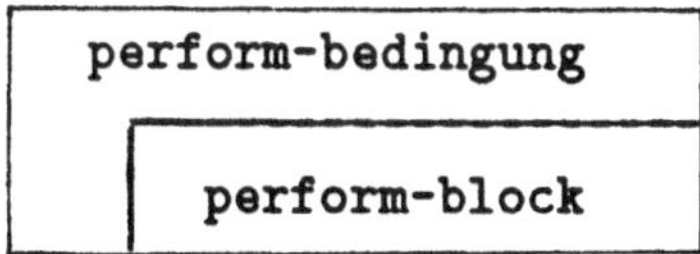

1.12.10 STOP-Anweisung

Zur Beendigung einer Programmausführung muß die *STOP*-Anweisung in der Form

```
STOP RUN
```

verwendet werden.

1.13 Umformung des Struktogramms in die PROCEDURE DIVISION

Nachdem wir den Lösungsplan durch ein Struktogramm beschrieben haben, wollen wir die einzelnen Strukturblöcke in die ihnen zugeordneten COBOL-Anweisungen umformen und damit den Inhalt der PROCEDURE DIVISION festlegen.

Durch die oben aufgeführten Angaben über die grundlegenden COBOL-Anweisungen ist leicht ersichtlich, wie die Strukturblöcke umgesetzt werden müssen. Insgesamt erhalten wir die folgende, aus der Prozedur "ablauf" bestehende *PROCEDURE DIVISION*:

```
PROCEDURE DIVISION.
ablauf.
    DISPLAY "Ist die Artikel-Datei bereits vorhanden?(J/N): "
            WITH NO ADVANCING
    ACCEPT vorhanden-ein
    IF vorhanden
        THEN OPEN EXTEND artikel-datei
        ELSE OPEN OUTPUT artikel-datei
    END-IF
    PERFORM WITH TEST AFTER UNTIL ende
        DISPLAY "Artikelnummer: " WITH NO ADVANCING
        ACCEPT artikelnummer-ein
        DISPLAY "Artikelname:   " WITH NO ADVANCING
        ACCEPT artikelname-ein
        DISPLAY "Artikelpreis:  " WITH NO ADVANCING
        ACCEPT artikelpreis-ein
        DISPLAY "Ende?(j/J):"      WITH NO ADVANCING
        ACCEPT ende-ein
        MOVE artikelnummer-ein TO artikelnummer
        MOVE artikelname-ein   TO artikelname
        MOVE artikelpreis-ein  TO artikelpreis
        WRITE artikel-satz
    END-PERFORM
    CLOSE artikel-datei
    STOP RUN.
```

Beim Aufbau der PROCEDURE DIVISION sind die folgenden Regeln zu
beachten:

- die PROCEDURE DIVISION besteht aus einer oder mehreren *Prozeduren*,

- jede Prozedur enthält eine oder mehrere COBOL-Anweisungen, deren
  letzte durch einen Punkt abzuschließen ist, und

- jede Prozedur wird durch einen *Prozedurnamen* eingeleitet.

Dabei ist ein *Prozedurname* wie ein Bezeichner aufgebaut, wobei auf die
Verwendung von Buchstaben gänzlich verzichtet werden kann.

1.14 Das COBOL-Programm "prog1" als Lösung von AUF1

Nachdem wir die ursprünglich verbal gehaltene Lösungsbeschreibung
zunächst als Struktogramm angegeben und anschließend die Strukturblöcke
in die zugeordneten COBOL-Anweisungen umgeformt haben, fügen wir
jetzt die daraus resultierende PROCEDURE DIVISION sowie die oben
angegebene WORKING-STORAGE SECTION in das zuvor (im Abschnitt
1.8) aufgeführte Programm-Gerüst ein. Damit stellt sich das Programm
"prog1" – als Lösung der Aufgabenstellung AUF1 – wie folgt dar:

```
IDENTIFICATION DIVISION.
PROGRAM-ID.
    prog1.
ENVIRONMENT DIVISION.
CONFIGURATION SECTION.
SPECIAL-NAMES.
    DECIMAL-POINT IS COMMA.
INPUT-OUTPUT SECTION.
FILE-CONTROL.
    SELECT artikel-datei ASSIGN TO "artikel.txt"
            ORGANIZATION IS LINE SEQUENTIAL.
DATA DIVISION.
FILE SECTION.
FD  artikel-datei.
01  artikel-satz.
    02  artikelnummer PIC 99.
    02  artikelname   PIC X(20).
    02  artikelpreis  PIC 9(4)V99.
WORKING-STORAGE SECTION.
01  artikelnummer-ein PIC 99.
01  artikelname-ein   PIC X(20).
01  artikelpreis-ein  PIC 9(4),99.
01  vorhanden-ein PIC X.
    88  vorhanden VALUE "j" "J".
01  ende-ein PIC X.
    88  ende VALUE "j" "J".
```

```
PROCEDURE DIVISION.
ablauf.
    DISPLAY "Ist die Artikel-Datei bereits vorhanden?(J/N): "
            WITH NO ADVANCING
    ACCEPT vorhanden-ein
    IF vorhanden
        THEN OPEN EXTEND artikel-datei
        ELSE OPEN OUTPUT artikel-datei
    END-IF
    PERFORM WITH TEST AFTER UNTIL ende
        DISPLAY "Artikelnummer: " WITH NO ADVANCING
        ACCEPT artikelnummer-ein
        DISPLAY "Artikelname:   " WITH NO ADVANCING
        ACCEPT artikelname-ein
        DISPLAY "Artikelpreis:  " WITH NO ADVANCING
        ACCEPT artikelpreis-ein
        DISPLAY "Ende?(j/J):"        WITH NO ADVANCING
        ACCEPT ende-ein
        MOVE artikelnummer-ein TO artikelnummer
        MOVE artikelname-ein   TO artikelname
        MOVE artikelpreis-ein  TO artikelpreis
        WRITE artikel-satz
    END-PERFORM
    CLOSE artikel-datei
    STOP RUN.
```

Durch die Ausführung dieses Programms lassen sich die Artikelstammdaten
dialog-orientiert in die Datei "artikel.txt" übertragen, von wo aus sie mit
anderen Programmen gelesen und weiterverarbeitet werden können.

1.15   Aufbau einer sequentiellen Ausgabe-Datei

Wird das COBOL-Programm "prog1" zur Ausführung gebracht (siehe Kapitel 2), so wird die Datei "artikel.txt" mit den Artikeldaten erstellt. Das Programm "prog1" zeigt, wie ein Satzbestand, der zu einem späteren Zeitpunkt
(erneut) verarbeitet werden soll, langfristig gesichert werden kann.
Bei der Einrichtung der Datei mit den Artikeldaten werden die Sätze *hintereinander* vom Puffer-Bereich in die Datei übertragen, so daß die Datei

einen 1. Satz enthält, einen diesem Satz nachfolgenden 2. Satz, usw. Die Reihenfolge der Sätze innerhalb der Datei ist demnach durch die *Abfolge* bestimmt, in der die Sätze in die Datei übertragen werden. Eine derart organisierte Datei wird *sequentiell* organisierte Datei oder kurz *sequentielle Datei* genannt.

Grundsätzlich muß jede Datei, die auf einem magnetischen Datenträger als sequentielle Datei eingerichtet werden soll, als *Ausgabe-Datei* verarbeitet werden. Dazu ist diese Datei zum *Schreiben* zu *eröffnen*. Hierzu steht die *OPEN*-Anweisung in der Form

```
OPEN { OUTPUT | EXTEND } dateiname
```

zur Verfügung.

Die *Alternativklammern* "{" und "}" legen fest, daß genau *eine* der Möglichkeiten, die durch das Zeichen "|" voneinander abgegrenzt sind, ausgewählt werden muß.

Bei der Ausführung einer OPEN-Anweisung wird ein *Ausgabe-Puffer* (gemäß der Struktur der zugehörigen Datensatz-Beschreibung) eingerichtet, in dem der Inhalt jedes einzelnen Satzes – vor seiner Ausgabe in die Datei – zusammengestellt werden muß. Die Übertragung des Satzinhalts auf den Datenträger Magnetplatte bzw. Diskette erfolgt durch die Ausführung der *WRITE*-Anweisung, die gemäß der folgenden Syntax eingesetzt werden muß:

```
WRITE datensatzname
```

Dadurch wird der aktuelle Pufferinhalt von *datensatzname* als neuer Satz in den Bestand der Ausgabe-Datei angefügt.

Erfolgt die Datei-Eröffnung unter Angabe des Schlüsselworts *OUTPUT*, so wird eine Datei, die bereits unter dem zugeordneten externen Dateinamen auf dem magnetischen Speicher *vorhanden* ist, zunächst *gelöscht*, d.h. alle bislang in dieser Datei gespeicherten Sätze sind nicht mehr auffindbar. Danach wird die Datei neu eingerichtet, so daß die *erstmalige* Ausführung der WRITE-Anweisung zur Ausgabe des *ersten* Satzes führt.

Wird die Datei-Eröffnung dagegen auf der Basis des Schlüsselworts *EXTEND* durchgeführt, so wird durch die *erstmalige* Ausführung einer WRITE-Anweisung der dadurch übertragene Satz als *neuer* Satz an den vorhandenen Satzbestand *angefügt*.

Nach der Ausgabe des letzten Satzes muß die Ausgabe-Datei von der Verarbeitung abgemeldet werden. Das *Schließen* der Datei wird durch die
CLOSE-Anweisung

```
CLOSE dateiname
```

angefordert. Diese Anweisung sollte am Ende der Dateiverarbeitung –
spätestens am Ende des Programmlaufs *vor* der Ausführung der STOP-
Anweisung – durchlaufen werden.

Hinweis: Wird auf die CLOSE-Anweisung verzichtet, so ist nicht in jedem Fall gesichert,
daß die Datei vom Betriebssystem ordnungsgemäß abgeschlossen wird. Man riskiert, daß
der in die Datei übertragene Satzbestand anschließend nicht zur Verfügung steht.

1.16 Aufgaben

Aufgabe 1:

Entwirf ein COBOL-Programm namens "loes1", mit dem die Vertreterdaten
(siehe Abschnitt 1.1) dialog-orientiert erfaßt und in die Datei "vrtrtr.txt"
eingetragen werden können! Als FD-Eintrag übernimm die Datensatz-
Beschreibung aus Abschnitt 1.5!

Aufgabe 2:

Schreibe ein COBOL-Programm ("loes2"), mit dem sich sowohl die Vertreterdaten in die Datei "vrtrtr.txt" als auch die Umsatzdaten (siehe Abschnitt
1.1) in die Datei "umsatz.txt" dialog-orientiert übertragen lassen! Als FD-
Einträge können die Datensatz-Beschreibungen von Abschnitt 1.5 übernommen werden! Führe die Erfassung für die im Abschnitt 1.1 angegebenen
Daten durch!

Kapitel 2

Ausführung eines COBOL-Programms

2.1 Vorbereitungen zur Programmausführung

2.1.1 Quellprogramm

Nachdem wir unser erstes COBOL-Programm entwickelt haben, wollen wir
es zur Ausführung bringen und dadurch die Artikeldaten aus der Tabelle
mit den Artikelstammdaten (siehe Abschnitt 1.1) in die Datei "artikel.txt"
erfassen.

Da die auf DV-Anlagen unmittelbar ablauffähigen Programme aus *Maschineninstruktionen* aufgebaut sein müssen, ist unsere Problemlösung in der
oben angegebenen Programmform *nicht* vom Prozessor der DV-Anlage
ausführbar. Unser COBOL-Programm dient daher nur als *Quelle* für ein
zugehöriges *Objektprogramm*, das aus den ausführbaren Maschineninstruktionen gebildet wird. Dieses Objektprogramm muß aus dem von uns entwickelten Programm, dem *Quellprogramm*, durch eine Übersetzung erstellt
werden.

Um das Quellprogramm übersetzen und zur Ausführung bringen zu lassen,
sind die folgenden Schritte durchzuführen:

- Programmerfassung:

  Zunächst ist das in handschriftlicher Form vorliegende *Quellprogramm*
  auf einen magnetischen Datenträger zu übertragen. Für diese Erfassung läßt sich ein Editierprogramm einsetzen, das vom Hersteller der

DV-Anlage zusammen mit dem Betriebssystem ausgeliefert wird (wie etwa das Programm *edlin* unter MS-DOS oder *vi* unter UNIX). Bei der Erfassung sind die Programmzeilen des Quellprogramms in geeigneter Form (siehe unten) über die Tastatur des Bildschirmarbeitsplatzes im Dialog mit dem Editierprogramm einzugeben und in einer geeigneten Disketten- oder Magnetplatten-Datei zu sichern.

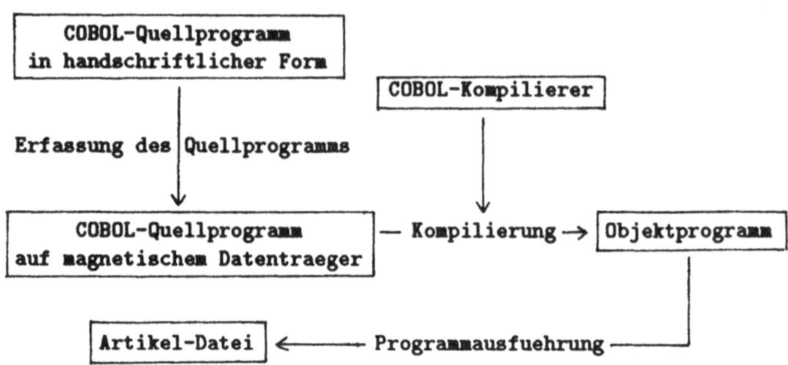

- Kompilierung:

  Da die Anweisungen des Quellprogramms nicht unmittelbar vom Prozessor der DV-Anlage ausgeführt werden können, müssen sie in Maschineninstruktionen übersetzt werden. Diese Umwandlung des Quellprogramms in ein zugehöriges Objektprogramm wird *Kompilierung* genannt. Zur Kompilierung und Speicherung des resultierenden Objektprogramms in einer Disketten- bzw. Magnetplatten-Datei muß ein Übersetzungsprogramm – *Kompilierer* (Compiler) genannt – zur Ausführung gebracht werden. Meistens ist ein Kompilierer Bestandteil eines *COBOL-Werkzeugs*, d.h. einer Sammlung von Programmen zur Erfassung, Übersetzung und Ausführung von COBOL-Programmen. Beispiele für derartige COBOL-Werkzeuge sind etwa *Professional COBOL* der Firma Micro Focus, *Microsoft COBOL* der Firma Microsoft und *RM-COBOL 85* der Firma Ryan McFarland.

2.1.2 Erfassungsschema

Bei der *Programmerfassung* sind die Zeilen des Quellprogramms als Sätze in eine Disketten- oder Magnetplatten-Datei zu übertragen. Damit das erfaßte Quellprogramm anschließend vom Kompilierer verarbeitet werden kann, sind wir bei der Eingabe der Programmzeilen an das folgende *Erfassungsschema* gebunden:

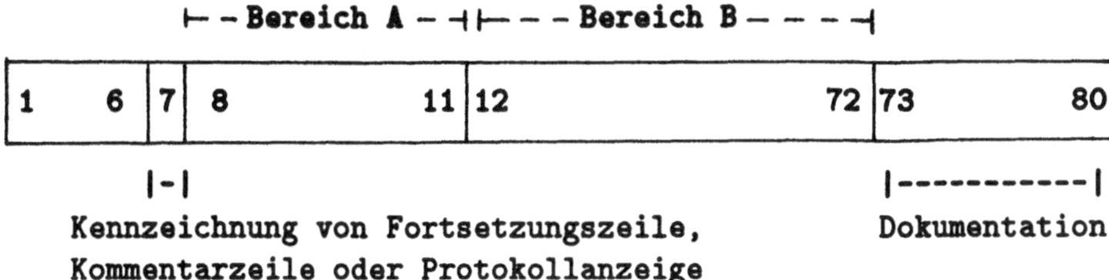

Zu Beginn jeder Programmzeile läßt sich an den Zeichenpositionen 1 bis 6 eine Kommentierung oder eine Numerierung zur Kennzeichnung der Reihenfolge angeben.

Im Bereich der Zeichenpositionen 8 bis 11, dem *Bereich A*, müssen die folgenden COBOL-Sprachelemente beginnen:

- die Programmteilnamen IDENTIFICATION, ENVIRONMENT, DATA und PROCEDURE,

- die Namen der Kapitel (SECTION), der Paragraphen und der Prozeduren,

- das reservierte COBOL-Wort *FD* sowie das reservierte COBOL-Wort *SD* (siehe unten) und

- die Stufennummer 01 sowie die Stufennummer 77.

Bis auf die Bezeichner von Datenfeldern und die von 01 verschiedenen Stufennummern müssen alle anderen COBOL-Sprachelemente *im Bereich B*, d.h. nach der Zeichenposition 11, aufgeführt werden.

Hinweis: Bis zu welcher Zeichenposition Angaben im Bereich B erlaubt sind, ist abhängig vom jeweils eingesetzen COBOL-Werkzeug. Im allgemeinen sind Eintragungen bis einschließlich Zeichenposition 72 zulässig.

An der 7. Zeichenposition kann durch ein geeignetes Zeichen festgelegt werden, daß diese Zeile vom Kompilierer in gesonderter Form analysiert werden soll:

- Durch den Bindestrich "–" wird eine *Fortsetzungszeile* markiert. Sie weist darauf hin, daß das letzte Sprachelement in der vorausgehenden Zeile *nicht* beendet wurde, so daß es in der aktuellen Zeile fortgesetzt wird.

- Durch das Sternzeichen "*" wird eine Zeile als *Kommentarzeile* ausgewiesen, so daß deren Inhalt – als erläuternder Text – vom Kompilierer *nicht* ausgewertet wird.

- Durch den Schrägstrich "/" wird ebenfalls eine *Kommentarzeile* gekennzeichnet. Zusätzlich wird durch dieses Zeichen ein *Seitenvorschub* (Positionierung auf den Anfang einer neuen Ausgabeseite) abgerufen, sofern die Meldungen über den Übersetzungsvorgang ausgegeben werden sollen.

Aus Gründen einer besseren Übersicht beachten wir bei der Erfassung eines Quellprogramms die folgenden Regeln, die keine Vorschriften der Programmiersprache COBOL sind:

- Grundsätzlich beginnen wir jede Anweisung in einer neuen Zeile.

- Innerhalb einer PERFORM-Anweisung rücken wir die Anweisungen des Perform-Blocks geeignet ein, so daß die Anweisungen der Programmschleife erkennbar sind.

- Alle COBOL-Schlüsselwörter schreiben wir in Großbuchstaben.

- Obwohl innerhalb einer Anweisung nur ein Leerzeichen zur Trennung von jeweils zwei Sprachelementen verwendet werden muß, führen wir gegebenenfalls mehrere Leerzeichen auf, um die Gleichartigkeit mehrerer Anweisungen herauszuheben.

- Paragraphen- und Prozedurnamen geben wir in einer Programmzeile allein an.

- Höhere Stufennummern rücken wir nach rechts ein.

Durch die Beachtung dieser Vorschriften haben wir das Programm übersichtlicher und damit leichter durchschaubar gemacht. Dadurch wird das Programm *wartungsfreundlicher* und der *Programmtest* (Überprüfung, ob die Programmausführung zum erwarteten Ergebnis führt) vereinfacht.

Um ein COBOL-Programm erfassen und zur Ausführung bringen zu können, müssen wir einen Dialog mit dem COBOL-Werkzeug führen. Im folgenden geben wir einen Hinweis, wie dazu beim Einsatz des COBOL-Werkzeugs *Professional COBOL*, das von der Firma Micro Focus entwickelt wurde, zu verfahren ist.

Hinweis: Die jeweils erforderlichen Angaben sind dem Handbuch von Professional COBOL zu entnehmen. Beim COBOL-Werkzeug *MS-COBOL* der Firma Microsoft müssen die Anforderungen als Kommandos eingegeben werden. Über den Aufbau dieser Kommandos gibt das Handbuch der Firma Microsoft Auskunft.

2.1.3 Erfassung des Quellprogramms

Nach dem Start des Programmsystems *Professional COBOL* wird ein Kommando-Menü am Bildschirm ausgegeben. Dieses Menü zeigt an, mit welchen Funktionstasten die einzelnen Programmteile aktiviert werden können. Zur Erfassung der Programmzeilen rufen wir über die Funktionstaste F2 (edit) das *Editor-Menü* auf, in dem innerhalb der beiden unteren Bildschirmzeilen Hinweise für die Verwendung der Funktionstasten und der Spezialtasten *Alt* und *Strg* (bzw. *Ctrl*) enthalten sind.

Nach der Eingabe unserer Programmzeilen stellt sich der Bildschirm des Editor-Menüs wie folgt dar:

```
ACCEPT vorhanden-ein
IF vorhanden
     THEN OPEN EXTEND artikel-datei
     ELSE OPEN OUTPUT artikel-datei
END-IF
PERFORM WITH TEST AFTER UNTIL ende
     DISPLAY "Artikelnummer: " WITH NO ADVANCING
     ACCEPT artikelnummer-ein
     DISPLAY "Artikelname:    " WITH NO ADVANCING
     ACCEPT artikelname-ein
     DISPLAY "Artikelpreis:  " WITH NO ADVANCING
     ACCEPT artikelpreis-ein
     DISPLAY "Ende?(j/J):"     WITH NO ADVANCING
     ACCEPT ende-ein
     MOVE artikelnummer-ein TO artikelnummer
     MOVE artikelname-ein   TO artikelname
     MOVE artikelpreis-ein  TO artikelpreis
     WRITE artikel-satz
END-PERFORM
CLOSE artikel-datei
STOP RUN.
Editing-PROG1────────52-lines────────Line-32───Col-8───Wrap-Ins-Caps-Num-Scroll
F1=help F2=forms F3=insert-line F4=delete-line F5=repeat-line F6=restore-line
F7=retype-char F8=restore-char F9=word-left F10=word-right     Alt Ctrl Escape
```

Zur Sicherung der erfaßten Programmzeilen in eine Datei muß bei gedrückter Alt-Taste zunächst die Funktionstaste *F4* (save) betätigt und anschließend der gewünschte Dateiname eingegeben werden. Wir wählen in unserem Fall den Namen "prog1", dem automatisch die Namensergänzung *cbl* angefügt wird, so daß die Datei mit den Programmzeilen unseres Quellprogramms den Dateinamen "prog1.cbl" trägt.

Zum Verlassen des Editor-Menüs betätigen wir die Taste *Esc*, woraufhin wiederum das Kommando-Menü auf dem Bildschirm angezeigt wird.

2.2 Kompilierung und Programmausführung

2.2.1 Kompilierung

Zur Durchführung der Kompilierung müssen wir die Funktionstaste *F3*
(check) betätigen. Anschließend wird die Umwandlung in das Objektprogramm durchgeführt. Das Protokoll dieser Umwandlung wird standardmäßig am Bildschirm angezeigt und läßt sich durch den Druck der
Funktionstaste *F4* zusätzlich auf einen angeschlossenen Drucker ausgeben.
Sofern das Quellprogramm syntaktisch fehlerfrei ist, kann es zur Ausführung
abgerufen werden. Andernfalls ist eine geeignete Korrektur des Quellprogramms innerhalb des Editor-Menüs durchzuführen.

Hinweis: Soll nach dem Aufruf von *Professional COBOL* das Editor-Menü mit den Programmzeilen einer Datei gefüllt werden, so ist bei gedrückter Alt-Taste die Funktionstaste
F3 zu betätigen. Nach der Eingabe des daraufhin angeforderten Dateinamens werden
die Programmzeilen am Bildschirm angezeigt, so daß eine Änderung des Quellprogramms
durchgeführt werden kann.

2.2.2 Programmausführung

Soll das nach einer fehlerfreien Kompilierung erzeugte Objektprogramm zur
Ausführung gebracht werden, so ist die Funktionstaste *F4* (animate) innerhalb des Kommando-Menüs zu drücken. Anschließend kann entschieden
werden, wie die Programmausführung erfolgen soll. Ohne Drücken der Funktionstaste *F3* (zoom on) wird das Programm innerhalb des *Animator-Menüs*
mit höchster Geschwindigkeit ausgeführt. Soll dagegen die Programmausführung überwacht werden können, so darf die Funktionstaste F3 nicht
betätigt werden. In diesem Fall kann die gewünschte Überwachung innerhalb des *Animating-Menüs* im Dialog vorgenommen werden. Dazu stehen
z.B. die folgenden Leistungen zur Verfügung:

- die Anweisungen lassen sich Schritt für Schritt ausführen,

- vor einzelnen Anweisungen lassen sich gezielt Haltepunkte setzen, an
  denen die Programmausführung unterbrochen werden kann,

- die Inhalte von Datenfeldern lassen sich anzeigen,

- die Datenfelder können über die Tastatur mit Werten gefüllt werden,

- die jeweils gewünschten Programmzeilen des Quellprogramms können
  am Bildschirm angezeigt werden, und

- einzelne, nicht zum Programm gehörende COBOL-Anweisungen können über die Tastatur eingegeben und ergänzend zur Ausführung gebracht werden.

Bei der Programmausführung werden die Anweisungen der PROCEDURE DIVISION in der Abfolge ausgeführt, in der sie innerhalb des Quellprogramms angegeben sind. Bei Steueranweisungen wie z.B. der PERFORM-Anweisung erfolgt die Bearbeitung im Hinblick auf die jeweilige Steuerfunktion. Z.B. werden bei der PERFORM-Anweisung (siehe die oben angegebene Beschreibung) die Anweisungen des Perform-Blocks zyklisch solange wiederholt ausgeführt wie die Perform-Bedingung nicht erfüllt ist.

Bei der Ausführung unseres Programms wird somit die Datei "artikel.txt" eingerichtet und mit den Artikelsätzen gefüllt, deren Inhalt wir im Dialog auf die jeweiligen Anforderungen hin über die Tastatur eingeben. Die Programmausführung wird dann beendet, wenn wir die am Bildschirm angezeigte Anforderung "Ende?(j/J)" mit dem Zeichen "j" bzw. "J" beantwortet haben.

Nach der Beendigung der Programmausführung erscheint wiederum das Kommando-Menü von *Professional COBOL*, so daß eine weitere Editierung, Kompilierung oder Programmausführung angefordert werden kann.

Das durch die Kompilierung erzeugte Objektprogramm ist bislang nur unter der Kontrolle des Systems *Professional COBOL* ausführbar. Soll unsere Problemlösung als eigenständiges Programm zur Verfügung stehen, so muß eine geeignete Umwandlung des Objektprogramms durchgeführt werden. Dazu ist innerhalb des Kommando-Menüs die Funktionstaste *F8* (build) zu betätigen, woraufhin ein eigenständig ausführbares Objektprogramms erzeugt und in eine Datei mit der Namensergänzung *COM* abgespeichert werden kann. Anschließend läßt sich dieses Programm ausführen, indem der Dateiname als Kommando eingegeben wird.

Kapitel 3

Anzeige von Datenbeständen

3.1 Verarbeitung einer sequentiellen Eingabe-Datei

3.1.1 Aufgabenstellung "Bildschirmanzeige" (AUF2)

Nach einer Datenerfassung ist es z.B. wünschenswert, den Inhalt einer Datei auf Richtigkeit hin zu überprüfen oder die gesicherten Daten in geeigneter Form tabellarisch zusammenzustellen. Als erstes wollen wir die Artikeldaten satzweise auf dem Bildschirm anzeigen lassen. Dazu stellen wir uns die folgende Aufgabe:

<u>AUF2:</u> "Bildschirmanzeige"

Die Inhalte sämtlicher Sätze mit den Artikeldaten sind untereinander auf dem Bildschirm auszugeben! Nach jeweils 3 angezeigten Sätzen ist die Ausgabe zu unterbrechen (sie soll sich durch das Drücken der Return-Taste fortsetzen lassen). Es soll die Möglichkeit bestehen, daß Überschriftszeilen ausgegeben oder unterdrückt werden.

3.1.2 Einrichtung des Eingabe-Puffers

Zur Lösung dieser Aufgabenstellung müssen die Satzinhalte der Artikel-Datei in einen Eingabe-Puffer übertragen werden, von wo aus sie sich in geeigneter Form weiterverarbeiten lassen.

Zur Strukturierung dieses Eingabe-Puffers müssen wir den Satzaufbau beachten, der innerhalb der Datei "artikel.txt" vorliegt. Wir übernehmen die ursprüngliche Datei-Beschreibung und vereinbaren somit den folgenden FD-Eintrag:

```
FD  artikel-datei.
01  artikel-satz.
    02  artikelnummer PIC 99.
    02  artikelname   PIC X(20).
    02  artikelpreis  PIC 9(4)V99.
```

Grundsätzlich ist zu beachten, daß die Datensatz-Beschreibung einer zu verarbeitenden Datei den Satzaufbau in genau *derselben* Form beschreiben muß, wie er zuvor beim Aufbau der Datei innerhalb des zugehörigen FD-Eintrags verabredet wurde.

Hinweis: Es ist *nicht* erforderlich, die ursprünglich verwendeten Bezeichner zu benutzen. Eine Änderung der zuvor vereinbarten Picture-Masken ist in aller Regel nur dann sinnvoll, wenn zum Beispiel numerische Feldinhalte als Texte verarbeitet werden sollen.

Um die Datei "artikel.txt" bearbeiten zu können, müssen wir dem internen Dateinamen "artikel-datei" den externen Dateinamen "artikel.txt" durch die Angabe

```
FILE-CONTROL.
    SELECT artikel-datei ASSIGN TO "artikel.txt"
        ORGANIZATION IS LINE SEQUENTIAL.
```

zuordnen.

Im Gegensatz zum Vorgehen, das bei der Erfassung der Artikeldaten erforderlich war, muß "artikel-datei" jetzt als *Eingabe-Datei* bearbeitet werden. Da diese Datei sequentiell organisiert ist, kann auf die Sätze nur sequentiell zugegriffen werden, d.h. die Sätze werden in der Reihenfolge im Eingabe-Puffer angeliefert, in der sie bei der Einrichtung der Datei abgespeichert wurden.

Damit eine Datei zur Eingabe eröffnet wird, muß die *OPEN*-Anweisung mit dem Schlüsselwort *INPUT* in der Form

```
OPEN INPUT dateiname
```

verwendet werden.

Da die Artikeldaten in einer sequentiellen Datei gespeichert sind, ist nach
der Eröffnung zunächst der 1. Satz in den Eingabe-Puffer einzulesen und
auf dem Bildschirm auszugeben. Anschließend ist der 2. Satz einzulesen
und weiterzuverarbeiten, usw. Diese stets wiederkehrende Verarbeitungs-
folge läßt sich durch eine *Programmschleife* beschreiben. Diese Schleife
muß dann abgebrochen werden, wenn das *Dateiende* der Eingabe-Datei festgestellt wird, d.h. wenn der *letzte* Satz der Eingabe-Datei bereits gelesen
wurde und der unmittelbar nachfolgende Lesezugriff *scheitert*.

3.1.3 READ-Anweisung

Für den Lesezugriff auf eine Datei, d.h. für die Übertragung eines Datensatzes aus einer Datei in den zugehörigen Eingabe-Puffer, steht die *READ-*
Anweisung in der folgenden Form zur Verfügung:

```
READ dateiname
     AT END end-teil
END-READ
```

Die *READ*-Anweisung wird durch das Schlüsselwort *READ* eingeleitet und
durch das Schlüsselwort *END-READ* abgeschlossen. Hinter dem Schlüsselwort *READ* ist der Name der Eingabe-Datei aus dem zugehörigen FD-
Eintrag aufzuführen.

Zwischen den Schlüsselwörtern *AT END* und *END-READ* sind im *End-Teil*
Anweisungen anzugeben, die dann auszuführen sind, wenn das Dateiende
der Eingabe-Datei festgestellt wird. Normalerweise wird im *End-Teil* eine
Anweisung eingetragen, die einen geeigneten Wert in ein *Indikatorfeld* des
Arbeitsspeichers einträgt. Dieses Indikatorfeld läßt sich z.B. als numerisches
Datenfeld durch den Eintrag

```
01  datei-ende-feld PIC 9 VALUE 0.
    88  datei-ende VALUE 1.
```

in der WORKING-STORAGE SECTION vereinbaren. Durch die hinter
der PICTURE-Klausel angegebene VALUE-Klausel (siehe Abschnitt 3.2.1)
"VALUE 0" wird das Feld "datei-ende-feld" zum Zeitpunkt der Kompilierung mit dem Wert 0 belegt. Dieser Wert soll anzeigen, daß das
Dateiende der Eingabe-Datei noch *nicht* erreicht ist. Wird das Dateiende

beim Lesezugriff durch die READ-Anweisung festgestellt, so können wir z.B. den Wert 1 in das Indikatorfeld übertragen lassen. In diesem Fall müssen wir die folgende READ-Anweisung verwenden:

```
READ artikel-datei
    AT END MOVE 1 TO datei-ende-feld
END-READ
```

Somit kann der Zustand der Eingabe-Datei jederzeit über den Bedingungsnamen "datei-ende", der die Bedingung

```
datei-ende-feld = 1
```

kennzeichnet, geprüft werden. Enthält das Feld "datei-ende-feld" den Wert 1, so ist das Dateiende erreicht. Ist der Inhalt dieses Feldes nach wie vor gleich dem vorbesetzten Wert 0, so ist ein weiterer Lesezugriff sinnvoll.

3.1.4   SET-Anweisung

Zur Übertragung des Indikatorwerts 1 in das Feld "datei-ende-feld" haben wir oben die *MOVE*-Anweisung

```
MOVE 1 TO datei-ende-feld
```

angegeben. Noch prägnanter läßt sich diese Übertragung durch eine *SET*-Anweisung mit dem Schlüsselwort *TRUE* in der Form

```
SET datei-ende TO TRUE
```

beschreiben. Obwohl durch beide Anweisungen der Indikatorwert 1 im Feld "datei-ende-feld" gespeichert wird, ist die SET-Anweisung aussagekräftiger. Durch sie wird gekennzeichnet, daß ab sofort die durch den Bedingungsnamen "datei-ende" gekennzeichnete Bedingung *erfüllt* (TRUE) ist.

Grundsätzlich läßt sich eine *SET*-Anweisung in der Form

```
SET bedingungsname TO TRUE
```

dazu verwenden, eine durch einen Bedingungsnamen gekennzeichnete Bedingung zu einer gültigen Bedingung zu machen. Als Resultat der SET-Anweisung wird in das Datenfeld, zu dem der Bedingungsname vereinbart ist, derjenige Wert eingetragen, der hinter dem Bedingungsnamen in der zugehörigen VALUE-Klausel aufgeführt ist.

Hinweis: Sind mehrere Werte in der VALUE-Klausel angegeben, so wird stets der zuerst aufgeführte Wert abgespeichert.

Soll eine erfüllte Bedingung von einem gewissen Zeitpunkt an *nicht* mehr zutreffen, so läßt sich dies ebenfalls durch eine SET-Anweisung erreichen.

Z.B. können wir durch die Anweisung

```
SET kein-datei-ende TO TRUE
```

den Wert 0 in das Feld "datei-ende-feld" eintragen lassen, sofern das Feld "datei-ende-feld" durch die Angaben

```
01  datei-ende-feld PIC 9 VALUE 0.
    88  datei-ende VALUE 1.
    88  kein-datei-ende VALUE 0.
```

vereinbart ist. Nach der Ausführung der SET-Anweisung ist die Bedingung "datei-ende" *nicht* mehr erfüllt, da das Feld "datei-ende-feld" den Wert 0 enthält, d.h. die durch "kein-datei-ende" gekennzeichnete Bedingung trifft zu.

3.2 Vorbereitungen für die Bildschirmanzeige

3.2.1 Aufbau der Überschriftszeilen (FILLER und VALUE-Klausel)

Bei der Bildschirmausgabe soll es möglich sein, den anzuzeigenden Satzinhalten Überschriftszeilen der folgenden Form voranzustellen:

```
Artikelnummer   Artikelname              Artikelpreis
-------------   ---------------------    ------------
⌴ ⌴ ⌴ ⌴                                    · · · ⌴ ⌴
```

Ob diese Überschriftszeilen auszugeben sind, soll – unmittelbar nach dem Programmstart – durch einen Dialog angefragt werden (siehe unten).

Zur Aufnahme der angegebenen Texte tragen wir die folgenden Datensatz-Beschreibungen in der WORKING-STORAGE SECTION ein:

```
01  ueberschrift-zeile-1 PIC X(49) VALUE
    "Artikelnummer  Artikelname           Artikelpreis".
01  ueberschrift-zeile-2.
    02  FILLER PIC X(13) VALUE ALL "-".
    02  FILLER PIC XX    VALUE SPACES.
    02  FILLER PIC X(20) VALUE ALL "-".
    02  FILLER PIC XX    VALUE SPACES.
    02  FILLER PIC X(12) VALUE ALL "-".
```

Zur Gliederung des Feldes "ueberschrift-zeile-2" ist das reservierte Schlüsselwort *FILLER* angegeben worden. Dieses Schlüsselwort wird dann zur
Kennzeichnung eines Zeichenbereichs innerhalb eines Datensatzes benutzt,
wenn während der Verarbeitung *nicht* gezielt auf diesen Bereich zugegriffen
werden braucht, so daß eine Benennung durch einen Bezeichner *entbehrlich*
ist.

Hinweis: Die Länge eines durch FILLER gekennzeichneten Zeichenbereichs wird durch
die PICTURE-Klausel festgelegt, die hinter FILLER angegeben ist.

Zur Vorbesetzung der Datenfelder "ueberschrift-zeile-1" und "ueberschrift-
zeile-2" haben wir eine *VALUE*-Klausel der Form

```
VALUE konstante
```

eingesetzt. Durch diese Klausel wird das zugehörige Datenfeld bzw. der
durch FILLER gekennzeichnete Zeichenbereich nach den Regeln der MOVE-
Anweisung gefüllt (siehe Abschnitt 1.12.4).

Somit wird durch die VALUE-Klausel

```
VALUE "Artikelnummer  Artikelname           Artikelpreis"
```

der Text "Artikelnummer Artikelname Artikelpreis" in das Feld
"ueberschrift-zeile-1" eingetragen.

In der Vereinbarung von "ueberschrift-zeile-2" haben wir die *figurativen Konstanten*

```
ALL "-"     und      SPACES
```

verwendet.

Durch den Einsatz von figurativen Konstanten läßt sich eine Vorbesetzung
mit einem *Zeichenmuster* vornehmen. Eine hinter VALUE angegebene

figurative Konstante wird – linksbündig beginnend – solange wiederholt
abgelegt, bis der Speicherbereich vollständig gefüllt ist.

Hinweis: Diese Vorschrift gilt auch für die Ausführung der MOVE-Anweisung, bei der
das durch eine figurative Konstante gekennzeichnete Zeichenmuster in ein Empfangsfeld
zu übertragen ist.

So wird z.B. durch die figurative Konstante

```
ALL "-"
```

innerhalb der Vereinbarung

```
02  FILLER PIC X(13) VALUE ALL "-".
```

festgelegt, daß die ersten 13 Zeichenpositionen des Feldes "ueberschrift-zeile-
2" mit dem Bindestrich "–" besetzt werden sollen.

Die figurative Konstante *SPACES* kennzeichnet ein *Leerzeichen*. Daher wird
durch die oben angegebene Datensatz-Beschreibung festgelegt, daß die Zei-
chenbereiche "14-15" und "36-37" von "ueberschrift-zeile-2" mit Leerzeichen
belegt werden sollen.

3.2.2 Druckaufbereitung

Bei der Ausgabe der Satzinhalte von "artikel.txt" sollen die einzelnen Daten
so angezeigt werden, daß ihre Bildschirmpositionen nach den oben angegebenen Überschriftszeilen ausgerichtet werden. Deshalb vereinbaren wir den
Datensatz "zeile-ws", dessen Inhalt durch die DISPLAY-Anweisung innerhalb einer Bildschirmzeile angezeigt werden soll, in der folgenden Form:

```
01  zeile-ws.
    02  FILLER              PIC X(5) VALUE SPACES.
    02  artikelnummer-ws    PIC 99.
    02  FILLER              PIC X(8) VALUE SPACES.
    02  artikelname-ws      PIC X(20).
    02  FILLER              PIC X(4) VALUE SPACES.
    02  artikelpreis-ws     PIC ZZZ9,99.
    02  FILLER              PIC X(3) VALUE SPACES.
```

Hinweis: Um die Bezeichner von "zeile-ws" von denen des Eingabe-Puffers "artikel-satz"
unterscheiden zu können, fügen wir die Endung "-ws" an die im FD-Eintrag von "artikel-
datei" verwendeten Bezeichner an.

Bei der Lösung der Aufgabenstellung AUF2 muß der Inhalt des Eingabe-Puffers "artikel-satz", der die Daten eines zuvor eingelesenen Satzes aus der Artikel-Datei "artikel.txt" enthält, in die zugehörigen Datenfelder von "zeile-ws" übertragen werden.

Damit Vorsorge getroffen wird, daß bei der Ausgabe des Artikelpreises das Komma angezeigt und die Ausgabe führender Nullen unterdrückt wird, vereinbaren wir das zugehörige Empfangsfeld wie folgt als *numerisch-druckaufbereitetes* Feld:

```
02  artikelpreis-ws  PIC ZZZ9,99.
```

Die Picture-Maske *ZZZ9,99* bewirkt, daß die Ausführung der MOVE-Anweisung

```
MOVE artikelpreis TO artikelpreis-ws
```

zu folgendem Ergebnis führt:

artikelpreis: `0 0 3 9 8 0`   artikelpreis-ws: `⊔ ⊔ 3 9 , 8 0`

Entsprechend der gewünschten Bildschirmanzeige führt die MOVE-Anweisung eine Aufbereitung der Zeichen des Sendefeldes durch, so daß von einer *Druckaufbereitung* gesprochen wird.

Zur Durchführung einer Druckaufbereitung muß der Inhalt des Sendefeldes, der druckaufbereitet werden soll, durch eine MOVE-Anweisung in ein Empfangsfeld übertragen werden. Dieses Empfangsfeld muß in seiner Picture-Maske diejenigen Maskenzeichen – als *Druckaufbereitungszeichen* – enthalten, welche die gewünschte Darstellung bewirken.

Aus dem oben angegebenen Beispiel ist zu entnehmen, daß das Maskenzeichen Komma "," festlegt, an welcher Position das Zeichen *Komma* in der Funktion eines Dezimalkommas einzutragen ist.

Hinweis: Dies gilt nur dann, wenn im Paragraphen SPECIAL-NAMES durch die DECIMAL-POINT-Klausel die im deutschen Sprachraum übliche Trennung von ganzzahligem Anteil und Nachkommastellen vereinbart ist.

Ferner ist durch das angegebene Beispiel zu erkennen, daß das Maskenzeichen *Z* zur *Nullenunterdrückung* führt, d.h. zur Ersetzung führender Nullen durch Leerzeichen. Das Zeichen *Z*, das jeweils eine Ziffernstelle kennzeichnet, darf nur links vom Maskenzeichen *9* erscheinen. Rechts vom Dezimalkomma ist die Angabe von *Z* nur dann erlaubt, wenn sämtliche Ziffernpositionen

durch *Z* gekennzeichnet sind (führende Nullen rechts vom Dezimalkomma
werden niemals unterdrückt). Sind alle Ziffernstellen durch *Z* beschrieben,
so werden sämtliche Zeichenpositionen mit Leerzeichen gefüllt, sofern der
numerische Wert 0 in dieses Empfangsfeld übertragen wird.

3.3   Beschreibende Programmteile von "prog2"

Damit die oben vereinbarten Überschriftszeilen zum richtigen Zeitpunkt ausgegeben werden können, muß die Anzahl derjenigen Datensätze gespeichert
werden, die zuvor – nach der letztmaligen Anzeige der Überschriftszeilen –
ausgegeben wurden. Dazu richten wir das Feld "zeilenzahl" wie folgt innerhalb der WORKING-STORAGE SECTION ein:

```
01   zeilenzahl PIC 99 VALUE 3.
     88   neue-seite VALUE 3.
```

Wir besetzen es mit dem Wert 3 vor, weil dieser Wert das Signal für die Ausgabe der Überschriftszeilen sein soll und die Überschriftszeilen unmittelbar
zu Beginn der Verarbeitung angezeigt werden müssen. Zur Kennzeichnung
der Situation, daß "zeilenzahl" den Wert 3 enthält, haben wir den Bedingungsnamen "neue-seite" vereinbart.

Nach der Ausgabe von jeweils 3 Artikeldatensätzen soll eine Tastatureingabe
(Drücken der Return-Taste) angefordert werden, mit der die Anzeige der
nächsten Zeilen abgerufen werden soll. Dazu vereinbaren wir hilfsweise das
Feld "dummy-ein" in der Form:

```
01   dummy-ein PIC X.
```

Die Anforderung zum Drücken der Return-Taste darf *nicht* unmittelbar nach
dem Programmstart, sondern erst nach der Ausgabe der ersten Satzinhalte
erfolgen. Deshalb muß sichergestellt sein, daß während des Programmablaufs
festgestellt werden kann, ob bereits Bildschirmausgaben erfolgt sind oder
nicht. Aus diesem Grund vereinbaren wir das Feld "anfang-feld" mit den
Bedingungsnamen "anfang" und "kein-anfang" in der folgenden Form:

```
01   anfang-feld PIC 9 VALUE 1.
     88   anfang VALUE 1.
     88   kein-anfang VALUE 0.
```

Die durch "anfang" gekennzeichnete Bedingung ist beim Programmstart erfüllt. Nach der Ausgabe von Überschriftszeilen darf diese Bedingung nicht mehr zutreffen. Dies läßt sich durch die Ausführung der SET-Anweisung in der Form

```
SET kein-anfang TO TRUE
```

erreichen, durch die dem Feld "anfang-feld" der Wert 0 zugewiesen wird.

Im Hinblick auf die Wahl der jeweils gewünschten Form von Überschriften soll nach dem Programmstart die folgende Ausgabe auf dem Bildschirm erscheinen:

```
Ueberschriften entfallen     (0)
Ueberschriften ohne Leerzeile (1)
Ueberschriften mit Leerzeile  (2)

triff eine Auswahl (0/1/2):
```

Um mit dem angeforderten Eingabewert die weitere Verarbeitung steuern zu können, vereinbaren wir in der WORKING-STORAGE SECTION das folgende Datenfeld:

```
01  ueberschrifts-art-ein PIC 9.
    88   keine-ueberschrift VALUE 0.
    88   ueberschrift-ohne-leerzeile VALUE 1.
    88   ueberschrift-mit-leerzeile VALUE 2.
```

Hinweis: Für den Fall, daß nach einer Eingabeanforderung für das Feld "ueberschrifts-art-ein" keine der Ziffern 0, 1 oder 2 eingegeben wird, legen wir fest, daß die Bedingung "keine-ueberschrift" zutreffend sein soll.

Nachdem wir die Vereinbarung der Datenfelder festgelegt haben, die zur Lösung von Aufgabe AUF2 erforderlich sind, fassen wir sie in der folgenden Form innerhalb der beschreibenden Programmteile zusammen:

```cobol
IDENTIFICATION DIVISION.
PROGRAM-ID.
    prog2.
ENVIRONMENT DIVISION.
CONFIGURATION SECTION.
SPECIAL-NAMES.
    DECIMAL-POINT IS COMMA.
INPUT-OUTPUT SECTION.
FILE-CONTROL.
    SELECT artikel-datei ASSIGN TO "artikel.txt"
            ORGANIZATION IS LINE SEQUENTIAL.
DATA DIVISION.
FILE SECTION.
FD  artikel-datei.
01  artikel-satz.
    02  artikelnummer PIC 99.
    02  artikelname   PIC X(20).
    02  artikelpreis  PIC 9(4)V99.
WORKING-STORAGE SECTION.
01  datei-ende-feld PIC 9 VALUE 0.
    88  datei-ende VALUE 1.
01  zeilenzahl PIC 99 VALUE 3.
    88  neue-seite VALUE 3.
01  zeile-ws.
    02  FILLER              PIC X(5) VALUE SPACES.
    02  artikelnummer-ws    PIC 99.
    02  FILLER              PIC X(8) VALUE SPACES.
    02  artikelname-ws      PIC X(20).
    02  FILLER              PIC X(4) VALUE SPACES.
    02  artikelpreis-ws     PIC ZZZ9,99.
    02  FILLER              PIC X(3) VALUE SPACES.
01  anfang-feld PIC 9 VALUE 1.
    88  anfang VALUE 1.
    88  kein-anfang VALUE 0.
01  ueberschrifts-art-ein PIC 9.
    88  keine-ueberschrift VALUE 0.
    88  ueberschrift-ohne-leerzeile VALUE 1.
    88  ueberschrift-mit-leerzeile VALUE 2.
```

```
01   dummy-ein PIC X.
01   ueberschrift-zeile-1 PIC X(49) VALUE
     "Artikelnummer  Artikelname              Artikelpreis".
01   ueberschrift-zeile-2.
     02   FILLER PIC X(13) VALUE ALL "-".
     02   FILLER PIC XX     VALUE SPACES.
     02   FILLER PIC X(20) VALUE ALL "-".
     02   FILLER PIC XX     VALUE SPACES.
     02   FILLER PIC X(12) VALUE ALL "-".
```

3.4   Struktogramm zur Lösung von AUF2

Zur Beschreibung der Verarbeitung läßt sich das folgende Struktogramm
angeben:

ablauf

eroeffne "artikel-datei" zur Eingabe
zeige eine Leerzeile an
zeige den Text "Ueberschriften entfallen   (0)" an
zeige den Text "Ueberschriften ohne Leerzeile (1)" an
zeige den Text "Ueberschriften mit Leerzeile (2)" an
zeige eine Leerzeile an
zeige den Text "triff eine Auswahl (0/1/2):" an
fordere eine Tastatureingabe an und uebertrage den eingegebenen Wert nach "ueberschrifts-art-ein"
lies den naechsten Datensatz von "artikel-datei"; beim Erreichen des Dateiendes: mache "datei-ende" zu einer gueltigen Bedingung

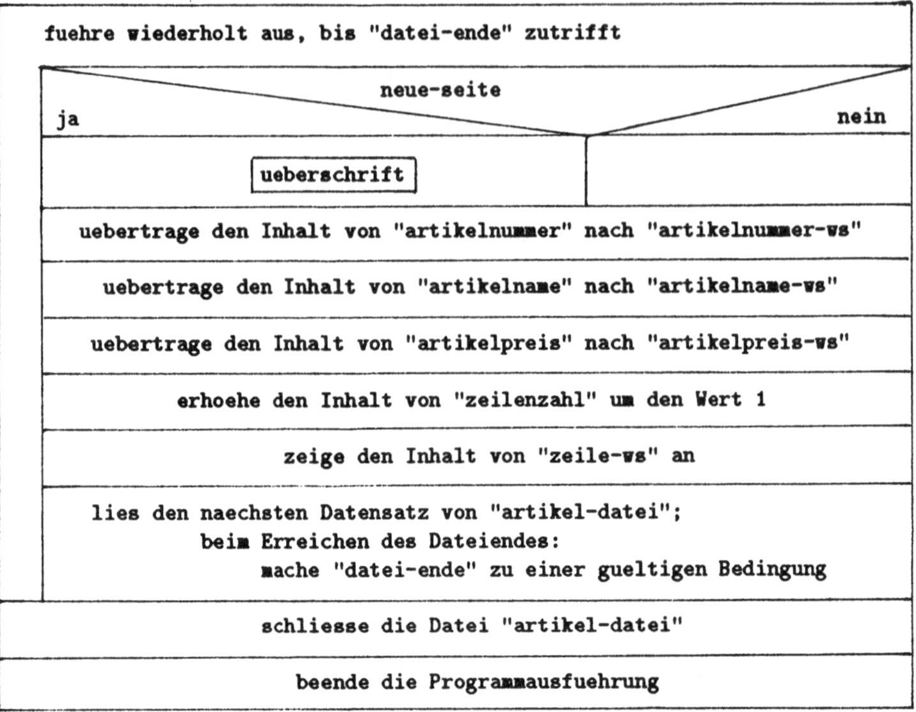

ueberschrift

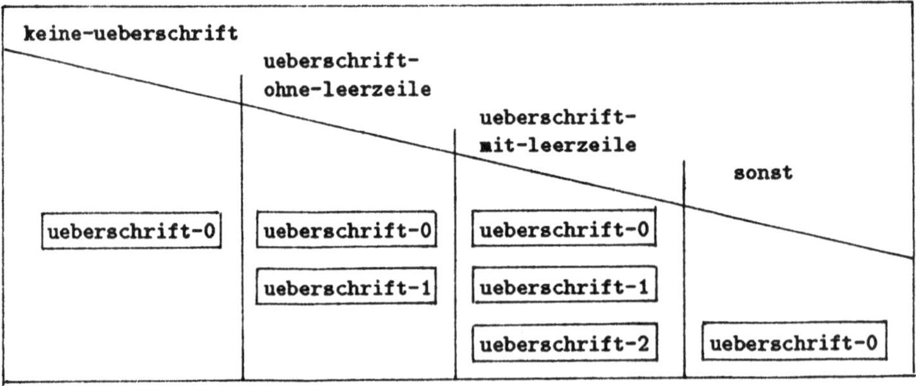

ueberschrift-0

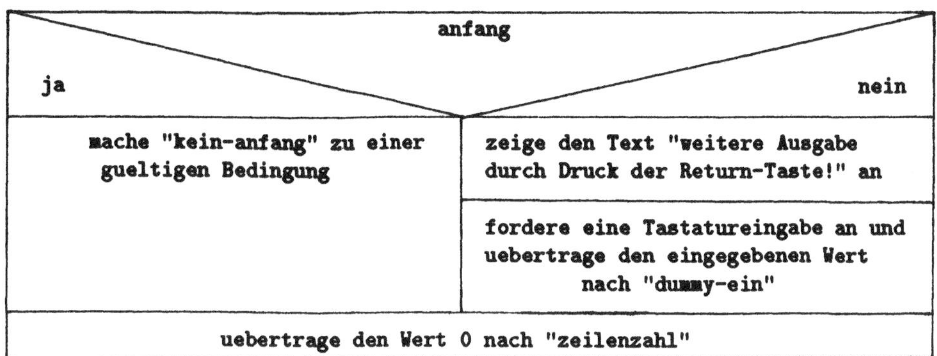

ueberschrift-1

ueberschrift-2

3.5   Prozedur- und Case-Block

3.5.1   PERFORM-Anweisung

Aus Gründen einer besseren Lesbarkeit haben wir einen *Prozedur-Block* der Form

in das Struktogramm aufgenommen. Dieser Block steht stellvertretend für dasjenige Struktogramm, das durch den innerhalb dieses Blocks aufgeführten Namen gekennzeichnet ist. Somit werden bei der Durchführung des Prozedur-Blocks alle Blöcke des zugeordneten Struktogramms ausgeführt.

Anschließend wird die Ausführung unmittelbar hinter dem Prozedur-Block fortgesetzt.

Zur Umformung des Prozedur-Blocks steht die *PERFORM*-Anweisung in der folgenden Form zur Verfügung:

```
PERFORM prozedurname
```

Dabei kennzeichnet *prozedurname* den Namen einer Prozedur innerhalb der PROCEDURE DIVISION. Bei der Ausführung der PERFORM-Anweisung werden die in der aufgeführten Prozedur enthaltenen COBOL-Anweisungen durchlaufen. Am Prozedurende, d.h. nach Ausführung der letzten in der Prozedur enthaltenen Anweisung, wird zu der Stelle, an der die Prozedur aufgerufen wurde, zurückgekehrt. Anschließend wird die Programmausführung mit der unmittelbar hinter der PERFORM-Anweisung angegebenen Anweisung fortgesetzt:

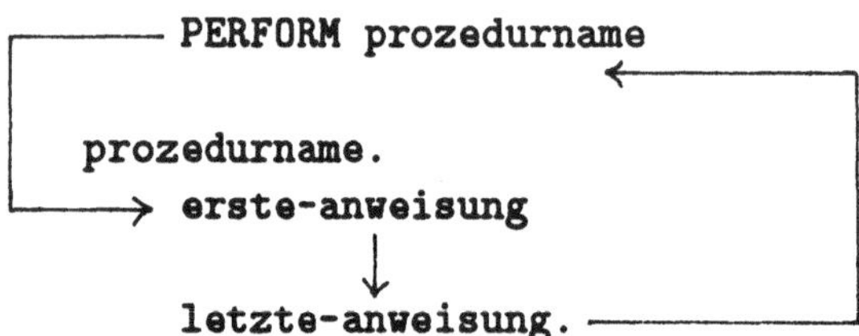

Somit läßt sich der oben innerhalb des Struktogramms angegebene Prozedur-Block

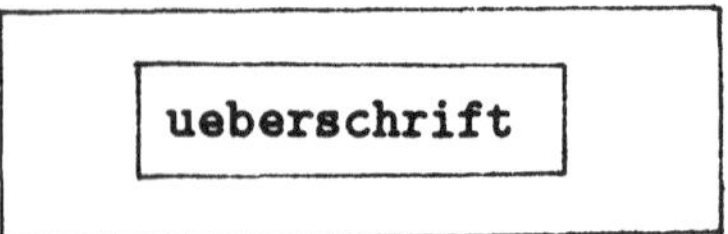

durch die Anweisung

```
PERFORM ueberschrift
```

umsetzen. Die zugehörige Prozedur "ueberschrift" besteht aus denjenigen Anweisungen, die durch Umformung aus den Strukturblöcken des Struktogramms "ueberschrift" abgeleitet werden.

Der Einsatz des Prozedur-Blocks eignet sich zum einen, wenn ein Struktogramm insgesamt zu lang wird und demzufolge *übersichtlicher* gestaltet werden soll, und zum anderen, wenn *gleiche* Verarbeitungsschritte an *verschiedenen* Positionen innerhalb des Lösungsplans auszuführen sind. In diesem Fall brauchen die Angaben zur Programmausführung nur *einmalig* an einer Stelle und nicht an mehreren Stellen in gleicher Weise angegeben werden.

3.5.2 EVALUATE-Anweisung

Zur Beschreibung einer *Mehrfachverzweigung* haben wir innerhalb des Struktogramms "ueberschrift" einen *Case-Block* der folgenden Form verwendet:

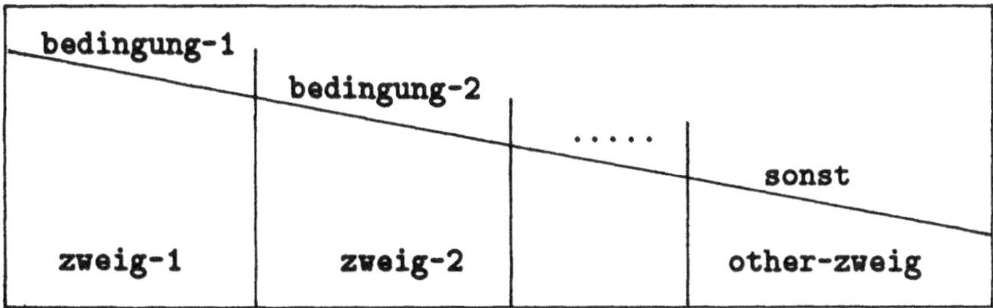

In Abhängigkeit von den jeweils aufgeführten Bedingungen, die der Reihe nach von *links nach rechts* überprüft werden, wird derjenige Zweig des Case-Blocks aktiviert, dessen Bedingung als *erste* zutrifft. Sofern *keine* der aufgeführten Bedingungen erfüllt ist, wird derjenige Zweig aktiviert, der durch den Text "sonst" gekennzeichnet ist. Mit der Bearbeitung des aktivierten Zweiges ist die Ausführung des Case-Blocks beendet.

Zur Umformung der durch einen Case-Block gekennzeichneten Mehrfachverzweigung läßt sich die *EVALUATE*-Anweisung in der folgenden Form einsetzen:

```
EVALUATE TRUE
    WHEN bedingung-1   zweig-1
  [ WHEN bedingung-2   zweig-2 ]...
    WHEN OTHER         other-zweig
END-EVALUATE
```

Die *EVALUATE*-Anweisung wird durch das Schlüsselwort *EVALUATE* eingeleitet und durch das Schlüsselwort *END-EVALUATE* beendet. Hinter dem

Schlüsselwort *TRUE* werden geeignet viele *WHEN-Klauseln* für die einzelnen Alternativen der Mehrfachverzweigung angegeben.

Durch die einleitende eckige Klammer "[" und die abschließende eckige Klammer "]" mit den nachfolgenden Punkten "..." kennzeichnen wir, daß der Klammerinhalt fehlen, einmal auftreten oder beliebig oft wiederholt werden darf.

In den *WHEN-Klauseln* sind die Zweige des Case-Blocks – von links beginnend – nacheinander einzutragen. Dabei folgt der jeweiligen Bedingung der Inhalt des zugehörigen Zweiges in Form einer oder mehrerer Anweisungen. Der Inhalt des durch "sonst" gekennzeichneten Zweiges wird hinter dem Schlüsselwort *OTHER* aufgeführt.

Für den Fall, daß innerhalb eines Zweiges keine Angaben enthalten sind (es soll *keine* Tätigkeit durchgeführt werden), muß die *CONTINUE*-Anweisung in der Form

```
CONTINUE
```

innerhalb der zugehörigen WHEN-Klausel aufgeführt werden.

Der im oben angegebenen Struktogramm enthaltene Case-Block läßt sich in die folgende EVALUATE-Anweisung umformen:

```
EVALUATE TRUE
     WHEN keine-ueberschrift            PERFORM ueberschrift-0
     WHEN ueberschrift-ohne-leerzeile   PERFORM ueberschrift-0
                                        PERFORM ueberschrift-1
     WHEN ueberschrift-mit-leerzeile    PERFORM ueberschrift-0
                                        PERFORM ueberschrift-1
                                        PERFORM ueberschrift-2
     WHEN OTHER                         PERFORM ueberschrift-0
END-EVALUATE
```

3.5.3 PERFORM-Anweisung mit der THRU-Klausel

In der oben angegebenen EVALUATE-Anweisung sind jeweils PERFORM-Anweisungen in den WHEN-Klauseln aufgeführt, die den Inhalt von zwei bzw. drei Prozeduren, die innerhalb der PROCEDURE DIVISION unmittelbar aufeinanderfolgen, zur Ausführung bringen sollen.

In einem derartigen Fall läßt sich die *PERFORM*-Anweisung mit einer *THRU-Klausel* in der Form

```
PERFORM prozedurname-1 THRU prozedurname-2
```

zur abkürzenden Beschreibung einsetzen. Die Prozedur *prozedurname-2* muß innerhalb der PROCEDURE DIVISION hinter der Prozedur *prozedurname-1* eingetragen sein, da bei der Ausführung dieser Anweisung die Prozedur *prozedurname-1* bis einschließlich zur Prozedur *prozedurname-2* – unter Einschluß sämtlicher zwischen diesen beiden Prozeduren eingetragenen Prozeduren – durchlaufen wird.

Somit läßt sich die oben angegebene EVALUATE-Anweisung wie folgt abkürzen:

```
EVALUATE TRUE
    WHEN keine-ueberschrift               PERFORM ueberschrift-0
    WHEN ueberschrift-ohne-leerzeile      PERFORM ueberschrift-0
                                          THRU ueberschrift-1
    WHEN ueberschrift-mit-leerzeile       PERFORM ueberschrift-0
                                          THRU ueberschrift-2
    WHEN OTHER                            PERFORM ueberschrift-0
END-EVALUATE
```

3.6 Ausführung von Rechenoperationen

3.6.1 COMPUTE-Anweisung

Um zum jeweils aktuellen Inhalt von "zeilenzahl" den Wert 1 hinzuzuaddieren, läßt sich die COMPUTE-Anweisung einsetzen, mit der einem numerischen Datenfeld der Wert eines arithmetischen Ausdrucks zugewiesen wird. Dazu muß die *COMPUTE*-Anweisung in der Form

```
COMPUTE bezeichner = arithmetischer-ausdruck
```

verwendet werden. Hierdurch erhält das Ergebnisfeld *bezeichner* einen numerischen Wert, der durch die Auswertung des arithmetischen Ausdrucks ermittelt wird.

In unserem Fall setzen wir die COMPUTE-Anweisung in der Form

```
COMPUTE zeilenzahl = zeilenzahl + 1
```

ein. Dadurch wird der aktuelle Wert von "zeilenzahl" ermittelt und um 1 erhöht. Anschließend wird dieses Ergebnis als neuer Wert in das Ergebnisfeld "zeilenzahl" eingetragen.

3.6.2 Anweisungen für Grundrechenarten

Sind *Grundrechenoperationen* mit zwei Operanden durchzuführen, so lassen sich anstelle der COMPUTE-Anweisung die Anweisungen *ADD* (Addition), *SUBTRACT* (Subtraktion), *MULTIPLY* (Multiplikation) oder *DIVIDE* (Division) verwenden.

Z.B. läßt sich die oben angegebene COMPUTE-Anweisung durch

```
ADD 1 TO zeilenzahl
```

abkürzen. Ferner kann z.B. durch

```
SUBTRACT 1 FROM zeilenzahl
```

die Anweisung

```
COMPUTE zeilenzahl = zeilenzahl - 1
```

ersetzt werden. Entsprechend läßt sich durch

```
MULTIPLY zeilenzahl BY 2
```

die Anweisung

```
COMPUTE zeilenzahl = 2 * zeilenzahl
```

und durch

```
DIVIDE 2 INTO zeilenzahl
```

die Anweisung

```
COMPUTE zeilenzahl = zeilenzahl / 2
```

abkürzen.

3.7   PROCEDURE DIVISION von "prog2"

Zur Lösung von AUF2 lassen sich die oben angegebenen Struktogramme "ablauf", "ueberschrift", "ueberschrift-0", "ueberschrift-1" und
"ueberschrift-2" wie folgt in die Anweisungen der PROCEDURE DIVISION
umformen:

```
PROCEDURE DIVISION.
ablauf.
    OPEN INPUT artikel-datei
    DISPLAY SPACES
    DISPLAY "Ueberschriften entfallen      (0)"
    DISPLAY "Ueberschriften ohne Leerzeile (1)"
    DISPLAY "Ueberschriften mit Leerzeile  (2)"
    DISPLAY SPACES
    DISPLAY "triff eine Auswahl (0/1/2):" WITH NO ADVANCING
    ACCEPT ueberschrifts-art-ein
    READ artikel-datei
        AT END SET datei-ende TO TRUE
    END-READ
    PERFORM WITH TEST BEFORE UNTIL datei-ende
        IF neue-seite
          THEN PERFORM ueberschrift
        END-IF
        MOVE artikelnummer TO artikelnummer-ws
        MOVE artikelname   TO artikelname-ws
        MOVE artikelpreis  TO artikelpreis-ws
        COMPUTE zeilenzahl = zeilenzahl + 1
        DISPLAY zeile-ws
        READ artikel-datei
            AT END SET datei-ende TO TRUE
        END-READ
    END-PERFORM
    CLOSE artikel-datei
    STOP RUN.
```

```
   ueberschrift.
       EVALUATE TRUE
           WHEN keine-ueberschrift          PERFORM ueberschrift-
           WHEN ueberschrift-ohne-leerzeile  PERFORM ueberschrift-
                                              THRU ueberschrift-
           WHEN ueberschrift-mit-leerzeile   PERFORM ueberschrift-
                                              THRU ueberschrift-
           WHEN OTHER                         PERFORM ueberschrift-
       END-EVALUATE.
   ueberschrift-0.
       IF anfang
         THEN
             SET kein-anfang TO TRUE
         ELSE
             DISPLAY "weitere Ausgabe durch Druck der Return-Taste!"
             ACCEPT dummy-ein
       END-IF
       MOVE 0 TO zeilenzahl.
   ueberschrift-1.
       DISPLAY ueberschrift-zeile-1
       DISPLAY ueberschrift-zeile-2.
   ueberschrift-2.
       DISPLAY SPACES.
```

3.8   Aufgaben

<u>Aufgabe 3:</u>

Schreibe ein Programm ("loes3"), mit dem sich die Umsatzdaten aus "umsatz.txt" (siehe Aufgabe 2) – in geeigneter druckaufbereiteter Form – am Bildschirm anzeigen lassen!

Kapitel 4

Formular-gestützter Dialog

4.1 Erfassung mit einem Bildschirmformular

Zur Datenerfassung der Artikeldaten haben wir im Kapitel 1 das Programm
"prog1" entwickelt, mit dem sich die Daten, die innerhalb eines Artikelda-
tensatzes gespeichert werden sollen, schrittweise – auf jeweils eine Anforderung hin – über die Tastatur eingeben lassen. Als nachteilig ist beim Programm "prog1" z.B. anzusehen, daß der Dialog zwischen dem Anwender und
dem Programm *zeilen-orientiert* durchgeführt wird, d.h. der Text, der die
jeweilige Dateneingabe anfordert, wird immer zu Beginn einer neuen Bildschirmzeile angezeigt. Wegen dieser durch die ACCEPT- und DISPLAY-
Anweisungen vorgegebenen Rahmenbedingungen ist es z.B. *nicht* möglich,
die Eingabe sämtlicher Artikeldaten innerhalb *einer* Bildschirmzeile vorzunehmen, obwohl diese Form der Eingabe im Hinblick auf die tabellarische
Darstellung der Artikeldaten (siehe Abschnitt 1.1) am geeignetsten erscheint.

Grundsätzlich ist es immer wünschenswert, jeweils ein Abbild des Formulars,
in dem die zu erfassenden Daten eingetragen sind, als *Bildschirmformular*
anzeigen zu lassen. Dabei wird unter einem *Bildschirmformular* ein Bild-
schirmaufbau verstanden, bei dem Texte die jeweils angeforderten Eingaben
beschreiben und geeignete Bildschirmfelder – wir nennen sie *Erfassungsfelder*
– für die Eingabe von Daten zur Verfügung stehen.

So schwebt uns z.B. vor, zur Erfassung der Artikeldaten das folgende Bildschirmformular anzeigen zu lassen:

```
Artikelnummer:<  >    Artikelname:<           >    Artikelpreis:<       >


Ende(j/J):< >
```

Die Begrenzungszeichen "<" und ">" kennzeichnen die Erfassungsfelder, in
welche die durch die Texte gekennzeichneten Artikeldaten über die Tastatur
einzugeben sind.

Hinweis: Die Begrenzungszeichen dienen allein der optischen Sichtkontrolle.

Um das angegebene Bildschirmformular vereinbaren und anzeigen zu
können, stehen im *genormten* COBOL-Sprachumfang bislang *keine* geeigneten Sprachelemente zur Verfügung. Deshalb geben wir die Möglichkeiten
an, die von den am Markt erhältlichen COBOL-Werkzeugen für das Arbeiten
am Mikrocomputer bereitgestellt werden.

Hinweis: Für das folgende setzen wir voraus, daß entweder das COBOL-Werkzeug *Professional COBOL* der Firma Micro Focus oder aber das COBOL-Werkzeug *Microsoft COBOL*
der Firma Microsoft eingesetzt wird.

4.2   Vereinbarung eines Bildschirmformulars

Zur Anforderung einer Eingabe sind die im Formular enthaltenen Texte am
Bildschirm anzuzeigen. Dazu muß innerhalb der WORKING-STORAGE
SECTION ein Datenfeld vereinbart werden, in das die oben angegebenen
Texte geeignet einzutragen sind. Da jede Bildschirmzeile aus 80 Zeichen
besteht und drei Bildschirmzeilen festzulegen sind, muß folglich ein Datenfeld
mit 240 Zeichen definiert werden. Wir wählen für dieses Datenfeld den
Bezeichner "bildschirm-aus" und strukturieren dieses Feld wie folgt:

```
01  bildschirm-aus.
    02  artikelnummer-feld PIC X(18)
                VALUE "Artikelnummer:< >".
    02  FILLER              PIC X(3).
    02  artikelname-feld    PIC X(34)
                VALUE "Artikelname:<                  >".
    02  FILLER              PIC X(3).
    02  artikelpreis-feld   PIC X(22)
                VALUE "Artikelpreis:<        >".
    02  FILLER              PIC X(80).
    02  ende-feld           PIC X(13)
                VALUE "Ende(j/J):< >".
    02  FILLER              PIC X(67).
```

Um die Lage der Erfassungsfelder geeignet angeben zu können, müssen *Zwischenräume* innerhalb von Bildschirmzeilen gekennzeichnet werden. Dazu läßt sich das reservierte COBOL-Wort *FILLER* einsetzen. Die Länge des jeweiligen Zwischenraums wird in einer PICTURE-Klausel mit dem Maskenzeichen X bestimmt.

Die angegebene Datensatz-Beschreibung von "bildschirm-aus" legt fest, daß an der Zeichenposition 1 bis 18 der Text "Artikelnummer:< >" eingetragen ist. Nach einer Lücke aus 3 Zeichenpositionen folgt der Text "Artikelname:<   >". Dem schließt sich wiederum eine Lücke von 3 Zeichenpositionen an. Daraufhin folgt der Text "Artikelpreis:<   >", anschließend eine Lücke aus 80 Zeichenpositionen, danach der Text "Ende(j/J):< >" und eine weitere Lücke aus 67 Zeichenpositionen.

4.3 Anzeige des Bildschirmformulars durch die DISPLAY-Anweisung

Um das innerhalb des Datenfeldes "bildschirm-aus" gespeicherte Bildschirmformular an der gewünschten Bildschirmposition anzeigen zu lassen, muß eine gesonderte Form der DISPLAY-Anweisung eingesetzt werden. Im Ge-

genssatz zur zeilen-orientierten Ausgabe mit der DISPLAY-Anweisung, die wir im Kapitel 1 kennengelernt haben, müssen wir jetzt eine DISPLAY-Anweisung zur *bildschirm-orientierten* Anzeige einsetzen. Diese Form der DISPLAY-Anweisung, die *nicht* zum genormten Sprachumfang von COBOL-85 gehört, muß gemäß der folgenden Syntax verwendet werden:

```
DISPLAY { bezeichner-1 | literal-1 }
        [ AT { bezeichner-2 | literal-2 } ] UPON CRT
```

Durch die *Optionalklammern* "[" und "]" ist festgelegt, daß der Klammerinhalt fehlen oder angegeben werden kann.

Bei der Ausführung dieser DISPLAY-Anweisung wird der Inhalt des Datenfeldes *bezeichner-1* bzw. das aufgeführte Literal *literal-1* auf dem Bildschirm ausgegeben.

Standardmäßig wird das 1. auszugebende Zeichen an der 1. Zeichenposition in der 1. Bildschirmzeile angezeigt. Soll ein anderer *Bezugspunkt* gewählt werden, so ist eine diesbezügliche Angabe in der Form *zzss* innerhalb der *AT-Klausel* zu machen. Dabei kennzeichnen die ersten beiden Ziffernpositionen *zz* (Zahl zwischen 01 und 24) die jeweilige Bildschirmzeile und die beiden letzten Ziffernpositionen *ss* (Zahl zwischen 01 und 80) die zeilenrelative Zeichenposition. Somit muß hinter dem Schlüsselwort *AT* entweder ein vier Ziffern langes numerisches Literal oder aber ein ganzzahlig numerisches Datenfeld angegeben werden, das einen Wert der Form *zzss* enthält.

Soll z.B. der Inhalt von "bildschirm-aus" mit Beginn der 3. Zeile angezeigt werden, so müssen wir die Anweisung

```
DISPLAY bildschirm-aus AT 0301 UPON CRT
```

ausführen lassen.

Enthält das Feld, dessen Inhalt mit der DISPLAY-Anweisung angezeigt werden soll, *mehr* Zeichen als die aktuelle Bildschirmzeile aufnehmen kann, so erfolgt ein *automatischer* Umbruch am Zeilenende. Somit wird dasjenige Zeichen, das als letztes in die aktuelle Zeile aufgenommen werden kann, an der letzten Zeilenposition angezeigt und die Ausgabe des unmittelbar nachfolgenden Zeichens mit Beginn der nächsten Bildschirmzeile fortgesetzt.

Bei der Ausführung der oben angegebenen DISPLAY-Anweisung werden somit die ersten 80 Zeichen von "bildschirm-aus" in die 3. Bildschirmzeile, die Zeichen von Zeichenposition 81 bis 160 in die 4. Bildschirmzeile und die restlichen 80 Zeichen in die 5. Bildschirmzeile ausgegeben.

Neben der Aufgabe, einen Zwischenraum festzulegen, haben die durch FILLER gekennzeichneten Bereiche (kurz: *FILLER-Bereiche*) eine gesonderte Funktion. Wird nämlich der Inhalt eines FILLER-Bereichs auf dem Bildschirm ausgegeben, so bleiben die Inhalte derjenigen Bildschirmbereiche *unverändert*, die mit diesem FILLER-Bereich korrespondieren. Dies bedeutet, daß die an diesen Positionen auf dem Bildschirm angezeigten Zeichen *schreibgeschützt* sind, so daß sie durch die Ausführung der DISPLAY-Anweisung *nicht* überschrieben werden.

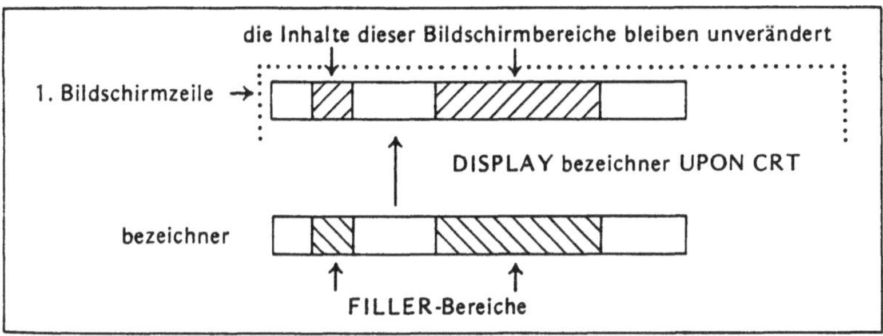

4.4 Vorbereitungen für die Eingabe in die Erfassungsfelder

Nach der Anzeige des Bildschirmformulars sollen Daten über die Tastatur in die Erfassungsfelder eingegeben und zur Verarbeitung in den Arbeitsspeicher übertragen werden. Dazu müssen geeignete Datenfelder in der WORKING-STORAGE SECTION vereinbart werden, die mit den Erfassungsfeldern des Bildschirmformulars korrespondieren.

Für die Dateneingabe sehen wir das folgende Datenfeld "bildschirm-ein" vor:

```
01  bildschirm-ein.
    02  FILLER                PIC X(15).
    02  artikelnummer-ein     PIC 99.
    02  FILLER                PIC X(17).
    02  artikelname-ein       PIC X(20).
    02  FILLER                PIC X(18).
    02  artikelpreis-ein      PIC 9999,99.
    02  FILLER                PIC X(92).
    02  ende-ein              PIC X.
        88  ende VALUE "J" "j".
    02  FILLER                PIC X(68).
```

Hinweis: Es ist zulässig, auf die Vereinbarung der letzten FILLER-Bereiche innerhalb von "bildschirm-aus" und "bildschirm-ein" zu verzichten.

In dieser Datensatz-Beschreibung haben wir diejenigen Felder vereinbart, die bei der Datenerfassung die Artikelnummer, den Artikelnamen und den Artikelpreis sowie ein Zeichen, mit dem das Ende der Erfassung mitgeteilt werden kann, aufnehmen sollen.

Um bei der Verarbeitung abfragen zu können, ob das Feld "ende-ein" den Wert "j" bzw. "J" enthält, haben wir den Bedingungsnamen "ende" vereinbart. Dieser Name steht stellvertretend für die ausführliche Bedingung:

```
ende-ein = "j" OR ende-ein = "J"
```

Die FILLER-Bereiche innerhalb von "bildschirm-aus" sind so gewählt, daß die definierten Felder genau mit den Erfassungsfeldern korrespondieren, die durch die Begrenzungszeichen "<" und ">" innerhalb der Vereinbarung von "bildschirm-ein" festgelegt sind:

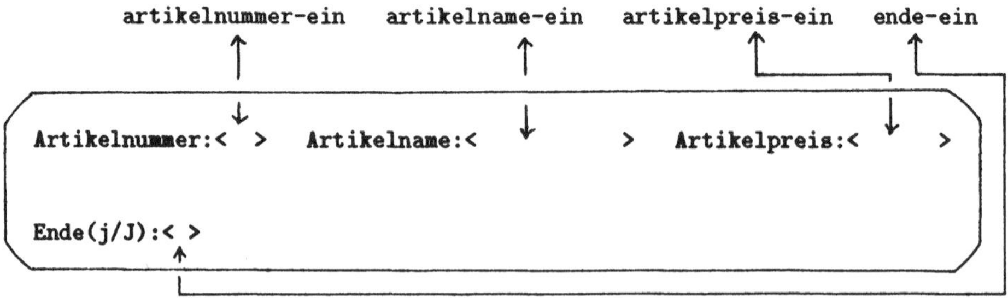

4.5 Dateneingabe mit der ACCEPT-Anweisung

Damit sich Daten von der Tastatur übertragen lassen, die an den gewünschten Bildschirmpositionen innerhalb der Erfassungsfelder angezeigt werden, ist eine (gegenüber der zeilen-orientierten Form) gesonderte Form der *ACCEPT*-Anweisung gemäß der folgenden Syntax zu verwenden:

```
ACCEPT bezeichner-1
    [ AT { bezeichner-2 | literal } ] FROM CRT
```

Durch die Ausführung dieser ACCEPT-Anweisung mit der *FROM-Klausel*, die *nicht* zum genormten Sprachumfang von COBOL-85 gehört, wird eine *bildschirm-orientierte* Dateneingabe angefordert. Es lassen sich Daten über die Tastatur – bei gleichzeitiger Anzeige auf dem Bildschirm – in diejenigen Erfassungsfelder eingeben, die mit den innerhalb von *bezeichner-1* vereinbarten elementaren Datenfeldern korrespondieren.

Soll als Bezugspunkt für die Eingabe an die 1. Zeichenposition des Datenfeldes *bezeichner-1 nicht* die 1. Zeichenposition innerhalb der 1. Bildschirmzeile dienen, so muß der *neue* Bezugspunkt durch eine *AT-Klausel* festgelegt werden. Dabei sind die Angaben so vorzunehmen, wie wir es oben bei der DISPLAY-Anweisung geschildert haben.

Soll z.B. – auf der Basis des oben angegebenen Erfassungsformulars – als Bezugspunkt für die Datenerfassung der Anfang der 3. Bildschirmzeile dienen, so muß die ACCEPT-Anweisung wie folgt eingesetzt werden:

```
ACCEPT bildschirm-ein AT 0301 FROM CRT
```

Nachdem alle zu erfassenden Daten in die Erfassungsfelder eingegeben sind, ist das Eingabeende durch das Drücken der Return-Taste anzuzeigen. Daraufhin werden die Inhalte der Erfassungsfelder in die mit diesen Feldern korrespondierenden Datenfelder von "bildschirm-ein" übertragen und stehen dort zur weiteren Verarbeitung zur Verfügung.

Es ist zu beachten, daß nur diejenigen Zeichen übernommen werden, die nach der letzten Eingabeanforderung tatsächlich eingegeben wurden – unabhängig davon, welche Daten innerhalb der Erfassungsfelder angezeigt werden.

Bei der Eingabeanforderung ist der Cursor standardmäßig an der 1. Zeichenposition des 1. Erfassungsfeldes positioniert. Ist ein Erfassungsfeld gefüllt, so wandert der Cursor automatisch an den Anfang des nächsten Erfassungsfeldes. Dieses Vorrücken geschieht solange, bis die letzte Zeichenposition des letzten Erfassungsfeldes erreicht ist. In diesem Fall verharrt der Cursor an dieser Position.

Bei der Dateneingabe werden automatisch diejenigen Bildschirmbereiche übersprungen, die mit FILLER-Bereichen von "bildschirm-ein" korrespondieren.

Bevor eine Ausführung der ACCEPT-Anweisung durch das Drücken der Return-Taste beendet wird, lassen sich sämtliche eingegebenen Daten korrigieren. Dazu stehen die Cursor-Positionierungstasten *Cursor-Home, Cursor-Links, Cursor-Rechts, Tab-Taste* und die Tastenkombination *Shift+Tab* zur Verfügung.

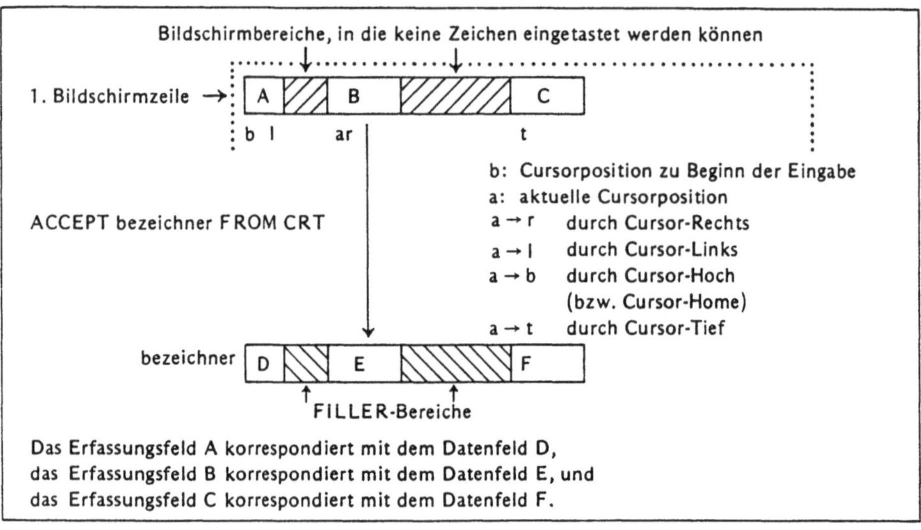

Durch *Cursor-Home* läßt sich der Cursor an den Anfang des 1. Erfassungsfeldes und durch die *Tab-Taste* an den Anfang des jeweils nächsten Erfassungsfeldes positionieren, sofern das letzte Erfassungsfeld noch nicht erreicht ist. Mit der Tastenkombination *Shift+Tab* kann der Cursor an den Anfang des aktuellen Erfassungsfeldes bewegt werden oder aber – falls der Cursor bereits diese Position einnimmt – der unmittelbar vorausgehende FILLER-Bereich übersprungen und auf den Anfang des vorausgehenden Erfassungsfeldes positioniert werden.

Ist das Ende (der Anfang) eines Erfassungsfeldes erreicht, so läßt sich durch die Taste *Cursor-Rechts* (*Cursor-Links*) auf den Anfang (das Ende) des nächsten (vorausgehenden) Erfassungsfeldes positionieren.

4.6 Eingabe von Werten

Bei der Dateneingabe in ein *alphanumerisches* Erfassungsfeld wird jedes eingegebene Zeichen an der Position innerhalb des zugeordneten Datenfeldes eingetragen, die mit der Zeichenposition im Erfassungsfeld korrespondiert.

Wird der Cursor in ein Erfassungsfeld positioniert, das einem *numerischen* Datenfeld zugeordnet ist, so wird an jeder Ziffernposition eine Null angezeigt.

Korrespondiert ein Erfassungsfeld mit einem numerisch ganzzahlig vereinbarten Datenfeld, so lassen sich nur Ziffern in dieses Erfassungsfeld eintragen. Beim Versuch, ein anderes Zeichen einzugeben, wird die Tastatur gesperrt.

Bei der Eingabe ganzzahliger Werte in ganzzahlige,nicht signierte numerische Datenfelder läßt sich die Dezimalkomma-Taste ",” benutzen, um führende Nullen am Anfang des Erfassungsfeldes einfügen zu lassen.

Hinweis: Dies gilt nur dann, wenn die DECIMAL-POINT-Klausel mit dem Schlüsselwort COMMA im Paragraphen SPECIAL-NAMES eingetragen ist. Wird auf diesen Eintrag verzichtet, so gelten die nachfolgenden Angaben sinngemäß für die Dezimalpunkt-Taste ".” anstelle der Dezimalkomma-Taste ",”.

Enthält z.B. das mit "artikelnummer-ein” korrespondierende Erfassungsfeld die Ziffer "2” in der Form

<2 >

und zeigt der Cursor auf die 2. Zeichenposition dieses Erfassungsfeldes, so ergibt sich durch den Druck auf die Dezimalkomma-Taste ",” als neuer Inhalt des Erfassungsfeldes:

<02>

Ist das Erfassungsfeld bereits vollständig mit Ziffern gefüllt, so löst der Druck auf die Dezimalkomma-Taste ",” die folgende Reaktion aus: Sofern der Cursor rechts von der 1. signifikanten Ziffer steht, wird der Feldinhalt so verschoben, daß die dahinterliegenden Ziffernstellen verloren gehen und führende Nullen nachgezogen werden. Steht der Cursor dagegen vor bzw. unmittelbar an der Position der 1. signifikanten Ziffer, so werden sämtliche Ziffern des Erfassungsfeldes durch Nullen überschrieben.

Bei einem (mit dem Maskenzeichen *V* vereinbarten) nicht ganzzahlig numerischen Datenfeld besteht das zugeordnete Erfassungsfeld aus einem *ganzzahligen Anteil* und einem *Nachkommastellen-Anteil*. In diesem Fall lassen sich, sofern führende Nullen durch die Dezimalkomma-Taste ",” vorgezogen werden sollen, beide Teile des Erfassungsfeldes getrennt bearbeiten.

Enthält etwa das Erfassungsfeld, das dem durch

```
02  wert PIC 999V99.
```

vereinbarten Feld "wert" zugeordnet ist, den Inhalt

<00140>

und zeigt der Cursor auf die 1. , 2. oder 3. Zeichenposition in diesem Erfassungsfeld, so ergibt sich durch den Druck auf die Dezimalkomma-Taste ","
als neuer Inhalt des Erfassungsfeldes:

<00040>

Wird jetzt der Cursor auf die 5. Position bewegt und die Dezimalkomma-
Taste "," erneut gedrückt, so erhalten wir als Ergebnis:

<00004>

Nach der Übertragung in das Feld "wert" ergibt sich folglich:

```
wert  | 0 0 0 0 4 |
```

Es ist zu beachten, daß beim Einsatz der *Tab-Taste* bzw. der Tastenkombination *Shift+Tab* innerhalb eines Erfassungsfeldes, das mit einem nicht
ganzzahligen numerischen Feld korrespondiert, die Position des virtuellen
Dezimalkommas wie ein fiktiver FILLER-Bereich wirkt, so daß z.B. bei der
Anzeige "< 14   >" durch die Tastenkombination *Shift+Tab* von der 4. Zeichenposition an den Anfang des Erfassungsfeldes gesprungen wird.

Korrespondiert ein Erfassungsfeld mit einem *numerisch-druckaufbereiteten*
Datenfeld, so wird zunächst der numerische Wert der im Erfassungsfeld angezeigten Zeichenfolge ermittelt und dieser anschließend – gemäß der durch
die PICTURE-Maske festgelegten Druckaufbereitung – in das korrespondierende Datenfeld übertragen.

So erhalten wir z.B. nach der Eingabe des Artikelpreises in der Form

<39,8 >

die Belegung

```
artikelpreis-ein:  | 0 3 9 , 8 0 |
```

als Resultat der Übertragung in das korrespondierende Datenfeld.

4.7 Aufgabenstellung "Formular-gestützte Erfassung" (AUF3)

In Anlehnung an die Aufgabenstellung AUF1 wollen wir ein Programm erstellen, mit dem Daten formular-gestützt eingegeben werden können. Daher soll die folgende Aufgabe gelöst werden:

<u>AUF3:</u>   "Formular-gestützte Erfassung"

Es ist ein Erfassungsprogramm zu entwickeln, mit dem sich die Artikeldaten *formular-gestützt* eingeben und in die Datei "artikel.txt" übertragen lassen!

Indem wir die oben vereinbarten Datenfelder "bildschirm-aus" und "bildschirm-ein" anstelle der ursprünglichen, in der WORKING-STORAGE SECTION vereinbarten Datenfelder für die Dateneingabe verwenden, lassen sich die beschreibenden Programmteile von "prog1" wie folgt in das Programm "prog3" übernehmen:

```
IDENTIFICATION DIVISION.
PROGRAM-ID.
    prog3.
ENVIRONMENT DIVISION.
CONFIGURATION SECTION.
SPECIAL-NAMES.
    DECIMAL-POINT IS COMMA.
INPUT-OUTPUT SECTION.
FILE-CONTROL.
    SELECT artikel-datei ASSIGN TO "artikel.txt"
            ORGANIZATION IS LINE SEQUENTIAL.
DATA DIVISION.
FILE SECTION.
FD  artikel-datei.
01  artikel-satz.
    02  artikelnummer PIC 99.
    02  artikelname   PIC X(20).
    02  artikelpreis  PIC 9(4)V99.
```

```
WORKING-STORAGE SECTION.
01   vorhanden-ein PIC X.
     88  vorhanden VALUE "j" "J".
01   bildschirm-aus.
     02   artikelnummer-feld PIC X(18)
                 VALUE "Artikelnummer:< >".
     02   FILLER             PIC X(3).
     02   artikelname-feld   PIC X(34)
                 VALUE "Artikelname:<                 >".
     02   FILLER             PIC X(3).
     02   artikelpreis-feld  PIC X(22)
                 VALUE "Artikelpreis:<        >".
     02   FILLER             PIC X(80).
     02   ende-feld          PIC X(13)
                 VALUE "Ende(j/J):< >".
     02   FILLER             PIC X(67).
01   bildschirm-ein.
     02   FILLER             PIC X(15).
     02   artikelnummer-ein  PIC 99.
     02   FILLER             PIC X(17).
     02   artikelname-ein    PIC X(20).
     02   FILLER             PIC X(18).
     02   artikelpreis-ein   PIC 9999,99.
     02   FILLER             PIC X(92).
     02   ende-ein           PIC X.
          88 ende VALUE "J" "j".
     02   FILLER             PIC X(68).
```

Im Ausführungsteil von "prog1" ist anstelle des bisherigen zeilen-orientierten Dialogs von "prog1" ein formular-gestützter Dialog mit entsprechend modifizierten ACCEPT- und DISPLAY-Anweisungen festzulegen.

Dazu ändern wir den ursprünglichen Lösungsplan geeignet ab und beschreiben ihn durch das folgende Struktogramm:

ablauf

<table>
<tr><td colspan="2">zeige den Text "Ist die Artikel-Datei bereits vorhanden?(J/N):" an</td></tr>
<tr><td colspan="2">fordere eine Tastatureingabe an und uebertrage
den eingegebenen Wert nach "vorhanden-ein"</td></tr>
<tr><td colspan="2">vorhanden
ja   nein</td></tr>
<tr><td>eroeffne "artikel-datei"
zur Erweiterung</td><td>eroeffne "artikel-datei"
zur Ausgabe</td></tr>
<tr><td colspan="2">loesche den gesamten Bildschirm mit Leerzeichen</td></tr>
<tr><td colspan="2">zeige den Inhalt von "bildschirm-aus" als Bildschirmformular
im Bereich von Zeile 3 bis Zeile 5 auf dem Bildschirm an</td></tr>
<tr><td colspan="2">
<table>
<tr><td>uebertrage Leerzeichen nach "bildschirm-ein"</td></tr>
<tr><td>zeige den Inhalt von "bildschirm-ein" im Bereich von Zeile 3 bis
Zeile 5 auf dem Bildschirm an, damit die Erfassungsfelder des
Erfassungsformulars mit Leerzeichen belegt sind</td></tr>
<tr><td>fordere eine Tastatureingabe an und uebertrage die in die
Erfassungsfelder eingegebenen Zeichen in die korrespondierenden
Datenfelder von "bildschirm-ein"</td></tr>
<tr><td>uebertrage den Inhalt von "artikelnummer-ein" nach "artikelnummer"</td></tr>
<tr><td>uebertrage den Inhalt von "artikelname-ein" nach "artikelname"</td></tr>
<tr><td>uebertrage den Inhalt von "artikelpreis-ein" nach "artikelpreis"</td></tr>
<tr><td>uebertrage den Inhalt des Puffer-Bereichs "artikel-satz"
als einen Datensatz in die Datei "artikel-datei"</td></tr>
</table>
</td></tr>
<tr><td colspan="2">fuehre wiederholt aus, bis "ende" zutrifft</td></tr>
<tr><td colspan="2">loesche den gesamten Bildschirm mit Leerzeichen</td></tr>
<tr><td colspan="2">schliesse die Datei "artikel-datei"</td></tr>
<tr><td colspan="2">beende die Programmausfuehrung</td></tr>
</table>

Durch die beiden Strukturblöcke

uebertrage Leerzeichen nach "bildschirm-ein"

**zeige den Inhalt von "bildschirm-ein" im Bereich von Zeile 3 bis
Zeile 5 auf dem Bildschirm an, damit die Erfassungsfelder des
Erfassungsformulars mit Leerzeichen belegt sind**

ist gesichert, daß die Erfassungsfelder – bei jeder Aufforderung zur Dateneingabe – mit Leerzeichen besetzt sind, so daß nur die jeweils neu eingegebenen Zeichen angezeigt werden.

Diese Strukturblöcke lassen sich durch die beiden folgenden Anweisungen umformen:

```
MOVE " " TO bildschirm-ein
DISPLAY bildschirm-ein AT 0301 UPON CRT
```

Durch die MOVE-Anweisung werden sämtliche Zeichenpositionen von "bildschirm-ein" mit Leerzeichen belegt. Die anschließende Ausführung der DISPLAY-Anweisung überträgt diese Leerzeichen *allein* in die Erfassungsfelder, so daß der angezeigte Text des Bildschirmformulars *nicht* gelöscht wird. Dies liegt daran, daß die mit den FILLER-Bereichen von "bildschirm-ein" korrespondierenden Bildschirmbereiche *nicht* überschrieben werden.

Der Strukturblock

loesche den gesamten Bildschirm mit Leerzeichen

läßt sich durch die folgende DISPLAY-Anweisung umformen:

```
DISPLAY SPACES UPON CRT
```

Hinweis: Das Schlüsselwort SPACES ist eine figurative Konstante (siehe die Angaben im Abschnitt 3.2.1).

Das oben angegebene Struktogramm können wir somit in die folgende PROCEDURE DIVISION umwandeln:

```
PROCEDURE DIVISION.
ablauf.
    DISPLAY "Ist die Artikel-Datei bereits vorhanden?(J/N): "
            WITH NO ADVANCING
    ACCEPT vorhanden-ein
    IF vorhanden
       THEN OPEN EXTEND artikel-datei
       ELSE OPEN OUTPUT artikel-datei
    END-IF
    DISPLAY SPACES UPON CRT
    DISPLAY bildschirm-aus AT 0301 UPON CRT
    PERFORM WITH TEST AFTER UNTIL ende
       MOVE " " TO bildschirm-ein
       DISPLAY bildschirm-ein AT 0301 UPON CRT
       ACCEPT bildschirm-ein AT 0301 FROM CRT
       MOVE artikelnummer-ein TO artikelnummer
       MOVE artikelname-ein   TO artikelname
       MOVE artikelpreis-ein  TO artikelpreis
       WRITE artikel-satz
    END-PERFORM
    DISPLAY SPACES UPON CRT
    CLOSE artikel-datei
    STOP RUN.
```

4.8   Gezielte Positionierung des Cursors

Bei der Ausführung einer bildschirm-orientierten ACCEPT-Anweisung ist
die Positionierung des Cursors davon abhängig, ob und wie das hinter
ACCEPT angegebene Datenfeld strukturiert ist. Standardmäßig wird der
Cursor an der 1. Zeichenposition des 1. Erfassungsfeldes angezeigt. Soll –
davon abweichend – der Cursor an einer anderen Stelle angezeigt werden, so
ist ein *Cursor-Feld* durch eine *CURSOR-Klausel* innerhalb des Paragraphen
SPECIAL-NAMES in der folgenden Form einzutragen:

```
SPECIAL-NAMES.
    DECIMAL-POINT IS COMMA
    CURSOR IS bezeichner.
```

Das Cursor-Feld *bezeichner* muß innerhalb der WORKING-STORAGE SECTION als 4 Zeichen langes numerisch ganzzahliges Datenfeld vereinbart werden.

Somit läßt sich z.B. das durch

```
01  cursor-feld PIC 9(4).
```

vereinbarte Feld "cursor-feld" durch den Eintrag

```
SPECIAL-NAMES.
    DECIMAL-POINT IS COMMA
    CURSOR IS cursor-feld.
```

als Cursor-Feld festlegen.

Bei der Ausführung der ACCEPT-Anweisung wird der Inhalt des Cursor-Feldes für die Positionierung des Cursors ausgewertet. Dabei kennzeichnen die ersten beiden Ziffern die zeilenrelative Position und die letzten beiden Ziffern die spaltenrelative Position des Cursors.

So läßt sich der Cursor etwa durch die Anweisungen

```
MOVE 0335 TO cursor-feld
ACCEPT bildschirm-ein AT 0301 FROM CRT
```

auf die 1. Zeichenposition innerhalb des zu "artikelname-ein" korrespondierenden Datenfeldes plazieren.

Enthält das Cursor-Feld *keine* Ziffernzeichen oder einen Wert, der *nicht* innerhalb eines der Erfassungsfelder liegt, so wird der Cursor – wie im Standardfall – an der 1. Zeichenposition des 1. Erfassungsfeldes angezeigt.

Weist der Wert des Cursor-Feldes in einen Bildschirmbereich, der mit einem FILLER-Bereich korrespondiert und deswegen *schreibgeschützt* ist, so wird der Cursor auf die 1. Zeichenposition des unmittelbar nachfolgenden Erfassungsfeldes positioniert. Ist im Anschluß an den FILLER-Bereich kein weiteres Datenfeld mehr definiert, so wird der Cursor – wie im Standardfall – an der 1. Zeichenposition des 1. Erfassungsfeldes angezeigt.

Nach der Ausführung der ACCEPT-Anweisung wird diejenige Position, an welcher sich der Cursor beim Drücken der Return-Taste befindet, in der Form *zzss* automatisch in das vereinbarte Cursor-Feld eingetragen und ist damit einer nachfolgenden Auswertung zugänglich.

4.9 Änderung der Voreinstellung

Die bildschirm-orientierte Ein-/Ausgabe mit der ACCEPT- und der DISPLAY-Anweisung ist *nicht* Bestandteil des genormten Sprachumfangs von COBOL-85. Sie unterscheidet sich von der zeilen-orientierten (genormten) Verarbeitung dadurch, daß zusätzliche FROM- bzw. UPON-Klauseln angegeben werden müssen.

Wird z.B. in einem COBOL-Programm allein die bildschirm-orientierte DISPLAY-Anweisung verwendet, so darf die Angabe der UPON-Klausel entfallen, sofern die Klausel *CONSOLE IS CRT* wie folgt in den Paragraphen SPECIAL-NAMES eingetragen ist:

```
SPECIAL-NAMES.
    DECIMAL-POINT IS COMMA
    CONSOLE IS CRT
    [ CURSOR IS cursor-feld ].
```

In diesem Fall darf auch auf die Angabe der FROM-Klausel innerhalb der ACCEPT-Anweisung für die bildschirm-orientierte Tastatureingabe verzichtet werden.

Werden sowohl (genormte) zeilen-orientierte als auch (*nicht* genormte) bildschirm-orientierte DISPLAY- bzw. ACCEPT-Anweisungen innerhalb eines Programms verwendet, und ist die Klausel *CONSOLE IS CRT* im Paragraphen SPECIAL-NAMES vereinbart, so müssen die zeilen-orientierten Ein-/Ausgabe-Anweisungen (des genormten COBOL-Sprachumfangs) gemäß der folgenden Syntax angegeben werden:

```
DISPLAY { bezeichner-1 | literal-1 }
    [ { bezeichner-2 | literal-2 } ]... UPON CONSOLE

ACCEPT bezeichner-3 FROM CONSOLE
```

4.10 Aufgabenstellung "Formularaufbau durch die SCREEN SECTION" (AUF4)

Im Abschnitt 4.2 wurde dargestellt, wie sich ein Erfassungsformular für den bildschirm-orientierten Dialog aufbauen läßt. Die Lage, die jedes einzelne

Erfassungsfeld auf dem Bildschirm einnimmt, ist durch die Position bestimmt, an der das korrespondierende Datenfeld innerhalb der Datensatz-Beschreibung vereinbart ist. Sofern ein Bildschirmformular mit sehr vielen Texten und Erfassungsfeldern eingerichtet werden muß, ist die Vereinbarung der zugehörigen Datensatz-Beschreibung sehr aufwendig.

Einfacher ist es, die Positionen für die Bildschirmanzeige durch gezielte Angaben innerhalb des Kapitels *SCREEN SECTION* festzulegen. Dieses Kapitel ist im *genormten* Sprachumfang von COBOL-85 *nicht* vorgesehen. Es steht nur bei den COBOL-Werkzeugen auf Mikrocomputern zur Verfügung, die dem Industriestandard genügen.

Hinweis: Die SCREEN SECTION muß stets das *letzte* Kapitel innerhalb der DATA DIVISION sein.

Um den Einsatz der SCREEN SECTION kennenzulernen, stellen wir uns die folgende Aufgabe:

<u>AUF4:</u>   "Formularaufbau durch die SCREEN SECTION"

Es ist das Programm "prog3" zur Erfassung der Artikeldaten so abzuändern, daß der formular-gestützte Dialog auf der Basis von geeigneten Einträgen innerhalb der SCREEN SECTION durchgeführt werden kann!

Der im Abschnitt 4.2 angegebenen Vereinbarung von "bildschirm-aus" entspricht die folgende Definition innerhalb der SCREEN SECTION:

```
SCREEN SECTION.
01  bildschirm-aus.
    02  LINE 03 COL 01 VALUE "Artikelnummer:<  >".
    02  LINE 03 COL 22 VALUE "Artikelname:<              >".
    02  LINE 03 COL 59 VALUE "Artikelpreis:<       >".
    02  LINE 05 COL 01 VALUE "Ende(j/J):< >".
```

Die Position, an welcher der innerhalb der VALUE-Klausel angegebene Text auf dem Bildschirm angezeigt werden soll, wird durch eine LINE- und eine COL-Klausel festgelegt, die hinter der einleitenden Stufennummer anzugeben sind.

Durch die *LINE-Klausel* der Form

```
LINE { ganzzahl | bezeichner }
```

wird die *zeilenrelative* Position für die Bildschirmausgabe festgelegt. Der

Bezugspunkt für diese Angabe ist die erste Zeichenposition der ersten Bildschirmzeile oder die durch eine AT-Klausel festgelegte Lage. Der Wert *ganzzahl* bzw. der Inhalt des ganzzahlig numerischen Feldes *bezeichner* sollte eine zulässige Zeichenposition kennzeichnen.

Durch die *COL-Klausel* der Form

```
COL { ganzzahl | bezeichner }
```

wird die – bezogen auf die LINE-Klausel – spaltenrelative Position für die Bildschirmausgabe angegeben. Der Wert *ganzzahl* bzw. der Inhalt des ganzzahlig numerischen Feldes *bezeichner* sollte eine zulässige Zeichenposition festlegen.

Das durch "bildschirm-aus" bestimmte Bildschirmformular wird durch die Ausführung der Anweisung

```
DISPLAY bildschirm-aus
```

angezeigt.

Hinweis: Gegenüber der zuvor verwendeten Form für den formular-gestützten Dialog darf beim Einsatz der SCREEN SECTION *keine* UPON-Klausel innerhalb der DISPLAY-Anweisung verwendet werden.

Um eine Eingabe in die Erfassungsfelder über die ACCEPT-Anweisung abrufen zu können, müssen geeignete Datenfelder vereinbart sein, die mit den Erfassungsfeldern auf dem Bildschirm korrespondieren.

Im Abschnitt 4.4 haben wir für das Erfassungsprogramm "prog3" dargestellt, wie sich ein geeigneter Speicherbereich durch die Datensatz-Beschreibung von "bildschirm-ein" festlegen läßt.

Genau wie der Text eines Bildschirmformulars läßt sich auch die Eingabe in die Erfassungsfelder durch geeignete Angaben innerhalb der SCREEN SECTION beschreiben.

Sofern z.B. die mit den Erfassungsfeldern korrespondierenden Datenfelder durch den Eintrag

```
01  bildschirm-felder.
    02  artikelnummer-ein PIC 99.
    02  artikelname-ein   PIC X(20).
    02  artikelpreis-ein  PIC 9999,99.
    02  ende-ein PIC X.
        88 ende VALUE "J" "j".
```

innerhalb der WORKING-STORAGE SECTION vereinbart sind, kann dies
etwa in der folgenden Form geschehen:

```
01  bildschirm-ein.
    02  LINE 03 COL 16 PIC 99       USING artikelnummer-ein AUTO.
    02  LINE 03 COL 35 PIC X(20)    USING artikelname-ein   AUTO.
    02  LINE 03 COL 73 PIC 9999,99 USING artikelpreis-ein  AUTO.
    02  LINE 05 COL 12 PIC X        USING ende-ein.
```

Hinweis: Die als Datengruppe "bildschirm-felder" zusammengefaßten Datenfelder können
auch als eigenständige elementare Datenfelder innerhalb der WORKING-STORAGE
SECTION vereinbart werden. Ferner ist es zulässig, Felder aus der Datensatz-
Beschreibung eines FD-Eintrags zu verwenden.

Genau wie für die Datenausgabe durch die DISPLAY-Anweisung wird
die jeweilige Bildschirmposition für die Dateneingabe mit der ACCEPT-
Anweisung durch die LINE- und die COL-Klausel gekennzeichnet.

Hinweis: Die oben angegebene Vereinbarung von "bildschirm-ein" kann auch für eine
DISPLAY-Anweisung verwendet werden. In diesem Fall wird der Inhalt der innerhalb der
USING-Klauseln aufgeführten Datenfelder mit Beginn der angegebenen Bildschirmposi-
tionen angezeigt.

Die *PICTURE-Klausel* legt fest, in welcher Form die über die Tastatur eingegebenen Daten am Bildschirm angezeigt werden sollen.

In der *USING-Klausel*, die *unmittelbar* hinter der PICTURE-Klausel aufgeführt werden muß, ist der Name des Datenfeldes anzugeben, in das die
über die Tastatur eingegebenen Daten übertragen werden sollen.

Durch das Schlüsselwort *AUTO* ist bestimmt, daß die Tastatureingabe *automatisch* beendet wird (das Drücken der Return-Taste ist nicht erforderlich),
sobald das letzte Zeichen in das Erfassungsfeld übertragen wurde.

Die Eingabe in die Erfassungsfelder, die mit den Datenfeldern von
"bildschirm-ein" korrespondieren, wird durch die Ausführung der ACCEPT-
Anweisung

```
ACCEPT bildschirm-ein
```

abgerufen.

Hinweis: Gegenüber der zuvor verwendeten Form für den formular-gestützten Dialog
darf beim Einsatz der SCREEN SECTION *keine* FROM-Klausel innerhalb der ACCEPT-
Anweisung verwendet werden.

Insgesamt läßt sich das folgende Programm "prog4" als Alternative zum
Programm "prog3" angeben:

```
IDENTIFICATION DIVISION.
PROGRAM-ID.
    prog4.
ENVIRONMENT DIVISION.
CONFIGURATION SECTION.
SPECIAL-NAMES.
    DECIMAL-POINT IS COMMA.
INPUT-OUTPUT SECTION.
FILE-CONTROL.
    SELECT artikel-datei ASSIGN TO "artikel.txt"
           ORGANIZATION IS LINE SEQUENTIAL.
DATA DIVISION.
FILE SECTION.
FD  artikel-datei.
01  artikel-satz.
    02  artikelnummer PIC 99.
    02  artikelname   PIC X(20).
    02  artikelpreis  PIC 9(4)V99.
WORKING-STORAGE SECTION.
01  vorhanden-ein PIC X.
    88  vorhanden VALUE "j" "J".
01  bildschirm-felder.
    02  artikelnummer-ein PIC 99.
    02  artikelname-ein   PIC X(20).
    02  artikelpreis-ein  PIC 9999,99.
    02  ende-ein PIC X.
        88 ende VALUE "J" "j".
SCREEN SECTION.
01  bildschirm-aus.
    02  LINE 03 COL 01 VALUE "Artikelnummer:<  >".
    02  LINE 03 COL 22 VALUE "Artikelname:<                    >".
    02  LINE 03 COL 59 VALUE "Artikelpreis:<        >".
    02  LINE 05 COL 01 VALUE "Ende(j/J):< >".
01  bildschirm-ein.
    02  LINE 03 COL 16 PIC 99       USING artikelnummer-ein AUTO.
    02  LINE 03 COL 35 PIC X(20)    USING artikelname-ein  AUTO.
    02  LINE 03 COL 73 PIC 9999,99 USING artikelpreis-ein  AUTO.
    02  LINE 05 COL 12 PIC X        USING ende-ein.
```

```
PROCEDURE DIVISION.
ablauf.
    DISPLAY
        "Ist die Artikel-Datei bereits vorhanden?(J/N): "
        WITH NO ADVANCING
    ACCEPT vorhanden-ein
    IF vorhanden
        THEN OPEN EXTEND artikel-datei
        ELSE OPEN OUTPUT artikel-datei
    END-IF
        DISPLAY SPACES UPON CRT
        DISPLAY bildschirm-aus
    PERFORM WITH TEST AFTER UNTIL ende
        MOVE " " TO bildschirm-felder
        DISPLAY bildschirm-ein
        ACCEPT bildschirm-ein
        MOVE artikelnummer-ein TO artikelnummer
        MOVE artikelname-ein TO artikelname
        MOVE artikelpreis-ein TO artikelpreis
        WRITE artikel-satz
    END-PERFORM
    DISPLAY SPACES UPON CRT
    CLOSE artikel-datei
    STOP RUN.
```

Es ist erkennbar, daß – neben dem Wegfall der UPON- und FROM-Klauseln bei der DISPLAY- bzw. ACCEPT-Anweisung – allein Änderungen innerhalb der DATA DIVISION vorgenommen sind. Die ursprünglichen Vereinbarungen von "bildschirm-aus" und "bildschirm-ein" in der WORKING-STORAGE SECTION sind gelöscht worden. Dafür wurde das Programm "prog3" um die oben angegebenen Eintragungen der SCREEN SECTION ergänzt.

Für den Einsatz der SCREEN SECTION stehen – neben der LINE-, COL- und PICTURE-Klausel sowie dem Schlüsselwort AUTO – eine Reihe weiterer Schlüsselwörter zur Verfügung, mit denen sich eine besondere Form der Dateneingabe bzw. Bildschirmanzeige kennzeichnen läßt. Eine *Auswahl* dieser Schlüsselwörter stellen die folgenden Angaben dar:

- *BELL* : Wird der Cursor in das zugehörige Erfassungsfeld positioniert, so ertönt ein *akustisches* Signal.

- *FULL* : Bei der Dateneingabe muß das *gesamte* Erfassungsfeld mit Zeichen gefüllt werden.

- *NO-ECHO* : Es erfolgt *keine* Anzeige der Zeichen, die über die Tastatur in das Erfassungsfeld eingegeben werden.

- *REQUIRED* : Bei der Dateneingabe muß *mindestens* ein Zeichen von der Tastatur übertragen werden.

- *ZERO-FILL* : Bei der Eingabe in ein Erfassungsfeld, das mit einem alphanumerischen Feld korrespondiert, werden diejenigen Zeichenpositionen am Feldende mit *Nullen* besetzt, in die normalerweise Leerzeichen eingetragen würden.

Diese Schlüsselwörter lassen sich nicht nur innerhalb der SCREEN SECTION verwenden. Ihr Einsatz ist ebenfalls im Zusammenhang mit einer ACCEPT- bzw. einer DISPLAY-Anweisung (gilt nur für BELL) für den bildschirm-orientierten Dialog – *ohne* Verwendung der SCREEN SECTION – möglich. In diesem Fall sind die Schlüsselwörter innerhalb einer *WITH-Klausel* gemäß der folgenden Syntax aufzuführen:

```
ACCEPT bezeichner-1
    [ AT { bezeichner-2 | literal } ] FROM CRT
    [ WITH schuesselwort-1 [ schuesselwort-2 ]... ]

DISPLAY { bezeichner-1 | literal-1 }
        [ AT { bezeichner-2 | literal-2 } ] UPON CRT
        [ WITH BELL ]
```

Abschließend zeigen wir, wie sich die im Programm "prog4" angegebene PERFORM-Anweisung abkürzen läßt, sofern die Felder "artikelnummer", "artikelname" und "artikelpreis" aus dem FD-Eintrag von "artikel-datei" in die Angaben der SCREEN SECTION – anstelle der Felder von "bildschirmfelder" – aufgenommen werden. Besteht die WORKING-STORAGE SECTION und die SCREEN SECTION folglich aus den Einträgen

```
WORKING-STORAGE SECTION.
01  vorhanden-ein PIC X.
    88  vorhanden VALUE "j" "J".
01  ende-ein PIC X.
    88 ende VALUE "J" "j".
SCREEN SECTION.
01  bildschirm-aus.
    02  LINE 03 COL 01 VALUE "Artikelnummer:<  >".
    02  LINE 03 COL 22 VALUE "Artikelname:<                        >".
    02  LINE 03 COL 59 VALUE "Artikelpreis:<          >".
    02  LINE 05 COL 01 VALUE "Ende(j/J):< >".
01  bildschirm-ein.
    02  LINE 03 COL 16 PIC 99      USING artikelnummer AUTO.
    02  LINE 03 COL 35 PIC X(20)   USING artikelname   AUTO.
    02  LINE 03 COL 73 PIC 9999,99 USING artikelpreis  AUTO.
    02  LINE 05 COL 12 PIC X       USING ende-ein.
```

so kann die PERFORM-Anweisung wie folgt abgekürzt werden:

```
PERFORM WITH TEST AFTER UNTIL ende
   MOVE " " TO artikel-satz
   MOVE " " TO ende-ein
   DISPLAY bildschirm-ein
   ACCEPT bildschirm-ein
   WRITE artikel-satz
END-PERFORM
```

4.11   Aufgaben

Aufgabe 4:

Es ist ein Programm ("loes4") zu entwickeln, mit dem sich die Umsatzdaten formular-gestützt erfassen lassen! Dazu ist eine Version für den bildschirm-orientierten Dialog *mit* Einsatz der SCREEN SECTION und eine Programm-version *ohne* die Verwendung der SCREEN SECTION anzugeben!

Kapitel 5

Sortierung von Datenbeständen

5.1 Vereinbarung von Sortierschlüsseln

5.1.1 Aufgabenstellung "Sortierte Anzeige" (AUF5)

Durch das Programm "prog2" (siehe Kapitel 3) lassen sich die Artikeldaten
auf dem Bildschirm anzeigen. Da die Datei "artikel.txt" eine sequentielle
Datei ist, werden die Sätze in der Reihenfolge ausgegeben, in der sie innerhalb der Datei gespeichert sind.

Oftmals sollen Sätze *nicht* in der vorliegenden Abfolge, sondern nach bestimmten *Ordungskriterien* angezeigt werden. Dazu müssen die Sätze – *vor*
ihrer Ausgabe – nach einem oder mehreren Kriterien sortiert werden. Dies
bedeutet, daß ein oder mehrere Felder des Datensatzes als *Sortierfelder* zu
vereinbaren sind, so daß eine Sortierung nach den in diesen Feldern – als
Sortierschlüssel – enthaltenen Werten vorgenommen werden kann. Für die
Sortierfelder ist jeweils festzulegen, ob deren Inhalt in aufsteigender oder
absteigender Reihenfolge sortiert werden soll.

Aus einer *aufsteigenden* Sortierung soll derjenige Satz als erster Satz resul-
tieren, der den *kleinsten* Sortierschlüssel besitzt. Der Satz, mit dem nächst
größeren Sortierschlüssel soll zum zweiten Satz werden, usw. Nach einer
absteigenden Sortierung enthält der erste Satz (letzte Satz) den *größten*
(kleinsten) Sortierschlüssel.

Um eine Sortierung innerhalb eines COBOL-Programms durchzuführen,
stellen wir uns die folgende Aufgabe:

<u>AUF5:</u>   "Sortierte Anzeige"

Das im Kapitel 3 angegebene Programm "prog2" ist so abzuändern, daß
die Artikelsätze – *aufsteigend sortiert* nach den Artikelnummern – auf dem
Bildschirm angezeigt werden! Dabei sind die im Zusammenhang mit der
Lösung von AUF2 vereinbarten Überschriften auszugeben (die Anfrage nach
der Art der Überschrift soll entfallen)!

Die Lösung von AUF5 muß somit für die im Kapitel 1 angegebenen Artikeldaten zur folgenden Anzeige führen:

```
     Artikelnummer    Artikelname              Artikelpreis
     --------------    --------------------     -----------

             11        Oberhemd                      44,20
             12        Oberhemd                      39,80
             13        Hose                         110,50
             22        Mantel                       360,00
```

5.1.2 SD-Eintrag

Damit eine Sortierung durchgeführt werden kann, wird eine *Sortier-Datei*
benötigt, die im COBOL-Programm durch einen *SD-Eintrag* in der Form

```
SD sortier-dateiname.
01  sortier-datensatzname.

        Vereinbarung der Sortierfelder

```

vereinbart werden muß.

Hinweis: Bis auf das Schlüsselwort SD (Sort Description) hat ein SD-Eintrag die gleiche
Struktur wie ein FD-Eintrag.

Dem im SD-Eintrag aufgeführten internen Dateinamen *sortier-dateiname* ist
im Paragraphen FILE-CONTROL ein geeigneter externer Dateiname in der
Form

```
SELECT sortier-dateiname ASSIGN TO "dateiname".
```

zuzuordnen.

So können wir in unserem Fall die benötigte Sortier-Datei durch den folgenden SD-Eintrag vereinbaren:

```
SD  sort-datei.
01  sort-satz.
    02  artikelnummer PIC XX.
    02  artikelname   PIC X(20).
    02  artikelpreis  PIC 9(4)V99.
```

Da wir mit den Artikelnummern eine Sortierung und keine Rechenoperationen durchführen wollen, verwenden wir das Maskenzeichen *X* anstelle des Maskenzeichens *9* bei der Vereinbarung des Sortierfeldes "artikelnummer".

Hinweis: Wäre *nur* eine Sortierung durchzuführen und anschließend *kein* gezielter Zugriff auf den Artikelnamen und den Artikelpreis erforderlich, so ließen sich die beiden letzten Zeilen im SD-Eintrag durch die Angabe "02 FILLER PIC X(26)." ersetzen.

5.1.3 Sortierfolgeordnung

Im Hinblick auf die gewünschte Sortierung ist zu beachten, daß die Sortierordnung der einzelnen Zeichen durch das *Alphabet*, d.h. den *Internkode* der jeweiligen DV-Anlage, vorgegeben ist. Dies bedeutet, daß bei Mikrocomputern nach dem *ASCII-Kode* und bei Großrechnern im allgemeinen nach dem *EBCDI-Kode* sortiert wird, sofern keine gesonderte Verabredung für die jeweils zugrundezulegende Sortierordnung erfolgt.

Um von der auf einer DV-Anlage standardmäßig bestehenden Sortierfolgeordnung unabhängig zu sein, gibt es die Möglichkeit, die jeweils gewünschte Sortierfolgeordnung in der *CONFIGURATION SECTION* – innerhalb der Paragraphen *OBJECT-COMPUTER* und *SPECIAL-NAMES* – in der folgenden Form festzulegen:

```
CONFIGURATION SECTION.
OBJECT-COMPUTER.
    dv-anlagen-name
    PROGRAM COLLATING SEQUENCE IS alphabetname.
SPECIAL-NAMES.
    DECIMAL-POINT IS COMMA
    ALPHABET alphabetname
            IS { NATIVE | STANDARD-1 | STANDARD-2 }.
```

Dabei ist *dv-anlagen-name* ein Bezeichner für die DV-Anlage, auf der das Objektprogramm ausgeführt werden soll. Der Platzhalter *alphabetname* steht für einen Bezeichner, der das Alphabet kennzeichnet. Durch die

Schlüsselwörter *NATIVE, STANDARD-1* bzw. *STANDARD-2* werden die folgenden Sortierfolgeordnungen bestimmt:

- NATIVE: das durch den Internkode festgelegte Alphabet,

- STANDARD-1 : das durch den ASCII-Kode festgelegte Alphabet, und

- STANDARD-2 : das durch den ISO-Kode bestimmte Alphabet.

Hinweis: Der ISO-Kode stimmt mit dem ASCII-Kode bis auf die Abweichung überein, daß das Zeichen *Lattenkreuz* durch das Symbol für das englische Währungssymbol zu ersetzen ist.

Durch die Vereinbarung eines von der DV-Anlage unabhängigen Alphabets läßt sich verhindern, daß die Ausführung eines COBOL-Programms auf einem Mikrocomputer und einem Großrechner unter Umständen zu unterschiedlichen Ergebnissen führt.

5.2   Sortierung

Zur Lösung der Aufgabenstellung AUF5 müssen die Sätze aus der Artikel-Datei gelesen, anschließend nach dem vorgegebenen Sortierkriterium sortiert und danach in sortierter Reihenfolge am Bildschirm angezeigt werden:

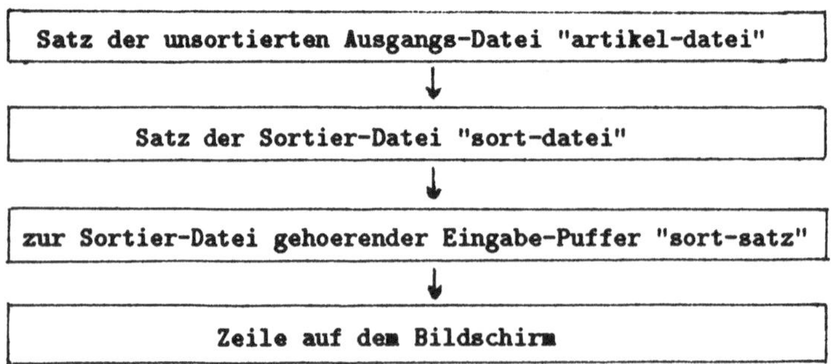

Zur Übernahme der Sätze der Ausgangs-Datei, zur Sortierung der Sätze nach einem oder mehreren Sortierschlüsseln und zur Bereitstellung der sortierten Sätze (für eine weitere Verarbeitung) läßt sich die *SORT*-Anweisung in der folgenden Form einsetzen:

```
SORT sortier-dateiname
   ON { ASCENDING | DESCENDING } KEY
         bezeichner-1 [ bezeichner-2 ]...
 [ ON { ASCENDING | DESCENDING } KEY
         bezeichner-3 [ bezeichner-4 ]... ]
   COLLATING SEQUENCE IS alphabetname
   { INPUT PROCEDURE IS prozedurname-1 | USING dateiname-1 }
   { OUTPUT PROCEDURE IS prozedurname-2 | GIVING dateiname-2 }
```

In den *KEY-Klauseln* sind die Sortierfelder und die zugehörigen Sortierrichtungen aufzuführen. Dabei wird durch eine *ASCENDING KEY*-Klausel eine aufsteigende und durch eine *DESCENDING KEY*-Klausel eine absteigende Sortierung beschrieben.

Durch die *COLLATING-Klausel* wird festgelegt, nach welcher Sortierordnung sortiert werden soll. Der in dieser Klausel aufgeführte Alphabetname muß zuvor durch einen geeigneten Eintrag in der CONFIGURATION SECTION definiert worden sein (siehe oben).

Wird die Ausgangs-Datei komplett – ohne Änderung – zur Sortierung in die Sortier-Datei übernommen, so kann die *USING-Klausel* – mit dem Namen der Ausgangs-Datei – in der SORT-Anweisung angegeben werden.

Soll dagegen bei der Übernahme in die Sortier-Datei eine zusätzliche Bearbeitung einzelner Sätze – wie etwa die Auswahl bestimmter Sätze – möglich sein, so ist diese Verarbeitung innerhalb einer Prozedur zu beschreiben, deren Name innerhalb der *INPUT PROCEDURE-Klausel* aufzuführen ist.

In dieser Prozedur sind die zu sortierenden Sätze durch eine *RELEASE-*Anweisung in der Form

```
RELEASE sortier-datensatzname
```

in die Sortier-Datei auszugeben.

Hinweis: Die Sortier-Datei darf zuvor durch keine OPEN-Anweisung eröffnet werden, da das Eröffnen und Schließen der Sortier-Datei *automatisch* geschieht.

Soll der Inhalt der Sortier-Datei – nach der Sortierung – komplett in eine *Ziel-Datei* übertragen werden, so kann die *GIVING-Klausel* in der SORT-Anweisung angegeben werden.

Soll dagegen bei der Übernahme aus der Sortier-Datei eine zusätzliche Bearbeitung einzelner Sätze – wie etwa die Aufbereitung für eine Bildschirmausgabe – möglich sein, so ist diese Verarbeitung innerhalb einer Proze-

dur zu beschreiben, deren Name in der *OUTPUT PROCEDURE-Klausel*
aufzuführen ist.

In dieser Prozedur sind die sortierten Sätze durch eine *RETURN*-Anweisung
in der folgenden Form aus der Sortier-Datei zu lesen:

```
RETURN sortier-datei
    AT END end-teil
END-RETURN
```

Zwischen den Schlüsselwörtern *AT END* und *END-RETURN* sind im
End-Teil Anweisungen anzugeben, die dann auszuführen sind, wenn das
Dateiende der Sortier-Datei festgestellt wird. Normalerweise wird im End-
Teil eine Anweisung eingetragen, die einen geeigneten Wert in ein Indikator-
feld des Arbeitsspeichers einträgt.

Hinweis: Die Sortier-Datei darf zuvor durch keine OPEN-Anweisung eröffnet werden, da
das Eröffnen und Schließen der Sortier-Datei *automatisch* geschieht.

Im Hinblick auf unsere Aufgabenstellung übernehmen wir für die Sortierung
den kompletten Inhalt der Artikel-Datei als Ausgangs-Datei. Ferner
beschreiben wir die Verarbeitung, die nach der Sortierung durchzuführen ist,
innerhalb einer Prozedur namens "ausgabe", so daß die SORT-Anweisung
von uns in der Form

```
SORT sort-datei
    ASCENDING KEY artikelnummer
    COLLATING SEQUENCE IS sortierfolge
    USING artikel-datei
    OUTPUT PROCEDURE ausgabe
```

eingesetzt werden kann.

5.3 COBOL-Programm zur Lösung von AUF5

5.3.1 Programm-Gerüst von "prog5"

Die SORT-Anweisung läßt sich zusammen mit der STOP-Anweisung in einer
ersten Prozedur namens "ablauf" innerhalb der PROCEDURE DIVISION
aufführen, so daß wir die einleitenden Programmzeilen von "prog5" – in
Anlehnung an das Programm "prog2" – wie folgt angeben können:

```cobol
IDENTIFICATION DIVISION.
PROGRAM-ID.
    prog5.
ENVIRONMENT DIVISION.
CONFIGURATION SECTION.
OBJECT-COMPUTER.
    workstation
    PROGRAM COLLATING SEQUENCE IS sortierfolge.
SPECIAL-NAMES.
    DECIMAL-POINT IS COMMA
    ALPHABET sortierfolge IS NATIVE.
INPUT-OUTPUT SECTION.
FILE-CONTROL.
    SELECT artikel-datei ASSIGN TO "artikel.txt"
           ORGANIZATION IS LINE SEQUENTIAL.
    SELECT sort-datei ASSIGN TO "sort.txt".
DATA DIVISION.
FILE SECTION.
FD  artikel-datei.
01  FILLER PIC X(28).
SD  sort-datei.
01  sort-satz.
    02   artikelnummer PIC XX.
    02   artikelname   PIC X(20).
    02   artikelpreis  PIC 9(4)V99.
WORKING-STORAGE SECTION.
01  datei-ende-feld PIC 9 VALUE O.
    88   datei-ende VALUE 1.
01  zeilenzahl PIC 99 VALUE 3.
    88   neue-seite VALUE 3.
```

```
01  zeile-ws.
    02  FILLER                PIC X(5) VALUE SPACES.
    02  artikelnummer-aus PIC 99.
    02  FILLER                PIC X(8) VALUE SPACES.
    02  artikelname-aus   PIC X(20).
    02  FILLER                PIC X(4) VALUE SPACES.
    02  artikelpreis-aus  PIC ZZZ9,99.
    02  FILLER                PIC X(3) VALUE SPACES.
01  anfang-feld PIC 9 VALUE 1.
    88  anfang VALUE 1.
    88  kein-anfang VALUE 0.
01  dummy-ein PIC X.
01  ueberschrift-zeile-1 PIC X(49) VALUE
    "Artikelnummer  Artikelname            Artikelpreis".
01  ueberschrift-zeile-2.
    02  FILLER PIC X(13) VALUE ALL "-".
    02  FILLER PIC XX     VALUE SPACES.
    02  FILLER PIC X(20) VALUE ALL "-".
    02  FILLER PIC XX     VALUE SPACES.
    02  FILLER PIC X(12) VALUE ALL "-".
PROCEDURE DIVISION.
ablauf.
    SORT sort-datei
        ASCENDING KEY artikelnummer
        COLLATING SEQUENCE IS sortierfolge
        USING artikel-datei
        OUTPUT PROCEDURE ausgabe
    STOP RUN.
```

Als Namen der DV-Anlage für den Eintrag im Paragraphen OBJECT-COMPUTER haben wir den Namen "workstation" gewählt. Das Alphabet wird durch den Bezeichner "sortierfolge" gekennzeichnet, und als externen Dateinamen für die Sortier-Datei haben wir den Namen "sort.txt" verwendet.

Da während der Verarbeitung weder auf den Eingabe-Puffer von "artikeldatei", noch auf Teile dieses Puffers zugegriffen werden muß, haben wir

```
FD  artikel-datei.
01  FILLER PIC X(28).
```

als FD-Eintrag von "artikel-datei" angegeben.

5.3.2 Struktogramm zur Lösung von AUF5

Abschließend müssen wir beschreiben, wie sich die sortierten Artikelsätze durch die Ausführung der Prozedur "ausgabe" am Bildschirm anzeigen lassen. Wir legen dazu das im Kapitel 3 angegebene Struktogramm zur Lösung von AUF2 zugrunde und ändern es wie folgt:

ausgabe

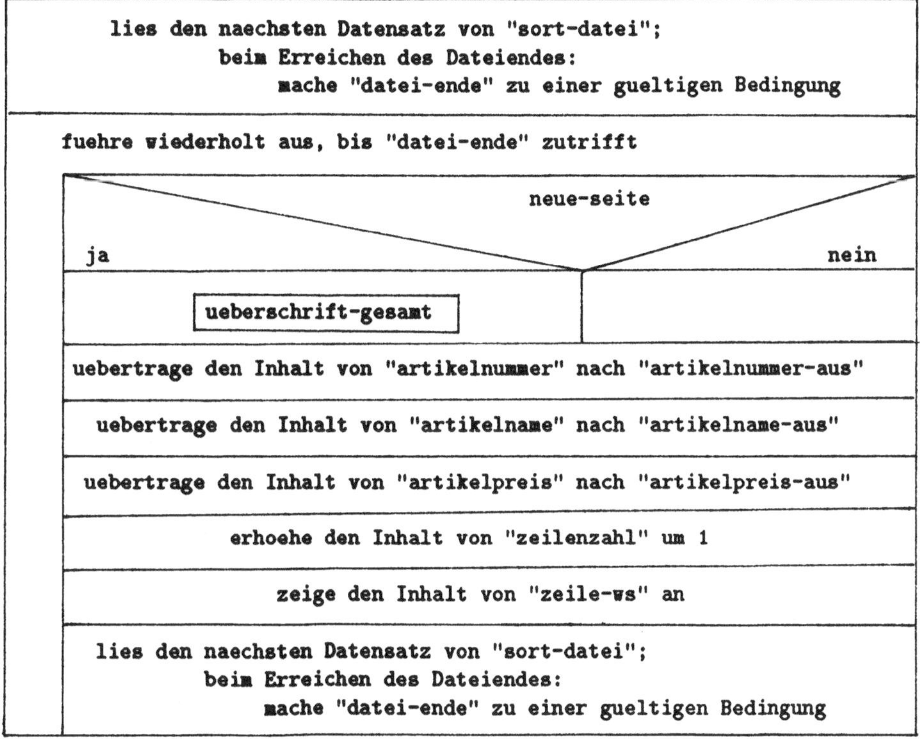

Das Struktogramm "ueberschrift-gesamt" soll den Inhalt der drei Struktogramme "ueberschrift-0", "ueberschrift-1" und "ueberschrift-2" aus dem Lösungsplan von AUF2 kennzeichnen.

5.3.3 PROCEDURE DIVISION von "prog5"

Wir formen das Struktogramm "ausgabe" in die zugehörigen COBOL-Anweisungen um und übernehmen den Inhalt der Prozeduren "ueberschrift-

i" aus dem Programm "prog2", so daß wir die oben angegebene PROCE-
DURE DIVISION von "prog5" wie folgt ergänzen können:

```
PROCEDURE DIVISION.
ablauf.
    SORT sort-datei
        ASCENDING KEY artikelnummer
        COLLATING SEQUENCE IS sortierfolge
        USING artikel-datei
        OUTPUT PROCEDURE ausgabe
    STOP RUN.
ausgabe.
    RETURN sort-datei
        AT END SET datei-ende TO TRUE
    END-RETURN
    PERFORM WITH TEST BEFORE UNTIL datei-ende
        IF neue-seite
            THEN PERFORM ueberschrift-gesamt
        END-IF
        MOVE artikelnummer TO artikelnummer-aus
        MOVE artikelname   TO artikelname-aus
        MOVE artikelpreis  TO artikelpreis-aus
        COMPUTE zeilenzahl = zeilenzahl + 1
        DISPLAY zeile-ws
        RETURN sort-datei
            AT END SET datei-ende TO TRUE
        END-RETURN
    END-PERFORM.
ueberschrift-gesamt.
    IF anfang
        THEN SET kein-anfang TO TRUE
        ELSE
            DISPLAY "weitere Ausgabe durch Druck einer Taste!"
            ACCEPT dummy-ein
    END-IF
    MOVE 0 TO zeilenzahl
    DISPLAY ueberschrift-zeile-1
    DISPLAY ueberschrift-zeile-2
    DISPLAY SPACES.
```

5.4 Mischen von sortierten Datensätzen

Sind die Sätze zweier oder mehrerer Ausgangs-Dateien bereits nach einem
einheitlichen Sortierkriterium sortiert und bzgl. dieses Sortierkriteriums innerhalb einer *Ziel-Datei* zusammenzufassen, so läßt sich dieses *Mischen*
durch eine *MERGE*-Anweisung abrufen, deren Syntax sich an die der SORT-
Anweisung anlehnt und von der folgenden Form ist:

```
MERGE sortier-dateiname
    { ASCENDING | DESCENDING } KEY
      bezeichner-1 [ bezeichner-2 ]...
  [ { ASCENDING | DESCENDING } KEY
      bezeichner-3 [ bezeichner-4 ]... ]...
    COLLATING SEQUENCE IS alphabetname
    USING dateiname-1 dateiname-2 [ dateiname-3 ]...
  { OUTPUT PROCEDURE IS prozedurname | GIVING dateiname-4 }
```

Für das Mischen der sortierten Sätze ist – genau wie bei der Sortierung (siehe
oben) – eine *Sortier-Datei* zu vereinbaren, deren interner Dateiname hinter
dem Schlüsselwort *MERGE* aufzuführen und deren Struktur in einem *SD-
Eintrag* festzulegen ist. In der zugehörigen Datensatz-Beschreibung dieser
Sortier-Datei sind die Datenfelder festzulegen, die als *Sortierfelder* in *KEY-
Klauseln* innerhalb der MERGE-Anweisung aufgeführt werden.

Hinweis: Gegenüber der SORT-Anweisung ist zu beachten, daß innerhalb der MERGE-
Anweisung *keine* INPUT PROCEDURE-Klausel angegeben werden darf.

Wird eine *OUTPUT PROCEDURE-Klausel* verwendet, so ist innerhalb der
zugehörigen Prozedur eine *RETURN*-Anweisung einzusetzen, mit der auf
die sortierten Sätze der Sortier-Datei zugegriffen wird.

5.5 Aufgaben

Aufgabe 5:

Es ist ein Programm ("loes5") zu entwickeln, mit dem die in der Datei
"umsatz.txt" erfaßten Umsatzdaten (siehe Aufgabe 2) nach aufsteigenden
Vertreternummern und (für gleiche Vertreternummern) nach aufsteigenden
Auftragsnummern zu sortieren sind! Die derart sortierten Umsatzdatensätze
sind in der Datei "umsatzso.txt" zu speichern!

Kapitel 6

Verarbeitung von index-sequentiellen Dateien

6.1 Aufbau einer index-sequentiellen Datei

6.1.1 Aufgabenstellung "Artikeldaten im Direktzugriff" (AUF6)

Bislang haben wir *sequentielle* Dateien verarbeitet, bei denen die Sätze in der Reihenfolge gespeichert sind, in der sie bei der Einrichtung der Datei auf den magnetische Datenträger übertragen wurden. Der Zugriff auf die einzelnen Sätze kann folglich nur *sequentiell* erfolgen, d.h. es müssen zunächst – beginnend mit dem ersten Satz – alle diejenigen Sätze eingelesen werden, die vor dem zu bearbeitenden Satz innerhalb der Datei gespeichert sind. Erst danach läßt sich derjenige Satz in den Eingabe-Puffer übertragen, dessen Verarbeitung gewünscht wird.

Der sequentielle Zugriff ist dann ein Nachteil, wenn Sätze bearbeitet werden sollen, die *nicht* zusammenhängend, sondern an unterschiedlichen Positionen im Bestand gespeichert sind. Insofern ist es oftmals wünschenswert, daß auf einzelne Sätze *direkt* zugegriffen werden kann. Um einen derartigen *Direktzugriff* vornehmen zu können, darf die Datei *nicht* als eine sequentielle Datei, sondern muß als eine *index-sequentiell* organisierte Datei eingerichtet werden.

Um die COBOL-Sprachelemente kennenzulernen, die zum Aufbau einer index-sequentiellen Datei erforderlich sind, stellen wir uns die folgende Aufgabe:

<u>AUF6:</u>   "Artikeldaten im Direktzugriff"

Es ist ein Programm zu entwickeln, das aus dem Satzbestand der sequentiellen Datei "artikel.txt" mit den Artikeldaten eine index-sequentielle Datei "artikel.ind" einrichtet!

6.1.2 Index-sequentielle Dateien

Bei der Einrichtung einer *index-sequentiell* organisierten Datei (kurz: index-sequentiellen Datei) ist ein *alphanumerisches* Datenfeld als *Schlüsselfeld* festzulegen. Dieses Feld kann ein elementares Datenfeld oder eine Datengruppe sein. Der Inhalt dieses Feldes läßt sich anschließend als *Index*, d.h. als *Satzschlüssel*, für die Adressierung des jeweils zu verarbeitenden Satzes verwenden. Es ist zu beachten, daß der ausgewählte Satzschlüssel *eindeutig* ist, d.h. die Inhalte des Schlüsselfeldes müssen sich *paarweise unterscheiden*.

Hinweis: Im Gegensatz zu sequentiellen Dateien dürfen index-sequentielle Dateien *keine* unterschiedlich langen Sätze enthalten.

Beim Aufbau einer index-sequentiellen Datei werden die Satzschlüssel *automatisch* in eine intern verwaltete *Index-Tabelle* eingetragen, in der – innerhalb der Tabellenzeilen – zu jedem Satzschlüssel die Relativadresse des zugehörigen Satzes gespeichert ist.

Für die Artikeldaten resultiert z.B. die folgende Index-Tabelle, sofern die (eindeutigen) Artikelnummern als Satzschlüssel gewählt werden:

Satzschluessel	Satznummer	Satzbestand	
11	3 ──────┐ ┌──→	12Oberhemd	003980
12	1 ─────┐│ │┌─→	22Mantel	036000
13	4 ───┐│└┐│ →	11Oberhemd	004420
22	2 ───┴──┴→	13Hose	011050

Hinweis: Bei Mikrocomputern wird diese Tabelle in einer eigenständigen Datei mit der Namensergänzung *idx* gespeichert.

Aus dieser Tabelle ist zu entnehmen, daß die Zeilen nach *aufsteigendem* Satzschlüssel sortiert sind, so daß die *logische Reihenfolge* der Sätze – anders als bei sequentiellen Dateien – von der *physikalischen Reihenfolge* zu unterscheiden ist.

Hinweis: Daß die logische Reihenfolge durch die *aufsteigenden* Satzschlüssel bestimmt wird, erklärt, warum in dieser Situation von *index-sequentiellen Dateien* gesprochen wird.

Z.B. steht der Satz mit der Artikelnummer 11 innerhalb der physikalischen Abfolge an 3. Stelle und an 1. Position im Hinblick auf die logische Reihenfolge, da er der Satz mit der kleinsten Artikelnummer ist.

Die logische Reihenfolge ist dann bedeutsam, wenn der Zugriff auf die index-sequentielle Datei *sequentiell* geschehen soll. In diesem Fall soll kein gezielter Zugriff auf einen einzelnen Satz erfolgen, sondern die Sätze sind – genauso wie es bei der Verarbeitung sequentieller Dateien grundsätzlich der Fall ist – Satz für Satz zu lesen und im Eingabe-Puffer für eine nachfolgende Bearbeitung bereitzustellen.

Während bei sequentiellen Dateien nur sequentiell auf den Satzbestand zugegriffen werden kann, stehen bei index-sequentiellen Dateien die drei folgenden *Zugriffs-Methoden* zur Verfügung:

- der *sequentielle* Zugriff (SEQUENTIAL), bei dem die Datei Satz für Satz in der Reihenfolge, die durch die aufsteigende Sortierordnung der Satzschlüssel bestimmt ist, bearbeitet werden kann,

- der *gezielte* Zugriff (RANDOM), bei dem ein Satz über einen Satzschlüssel eingelesen bzw. ausgegeben werden kann, und

- der *dynamische* Zugriff (DYNAMIC), der sowohl die Möglichkeiten des sequentiellen als auch die des gezielten Zugriffs einschließt.

Ein sequentieller Zugriff auf eine index-sequentielle Datei ist z.B. dann sinnvoll, wenn viele unmittelbar aufeinanderfolgende Sätze zu bearbeiten sind. Insofern ist es ratsam, den Bestand einer index-sequentiellen Datei im sequentiellen Zugriff aufzubauen. Dies bedeutet, daß die Sätze in der erforderlichen Reihenfolge, d.h. sortiert nach den Satzschlüsseln, bereitgestellt werden müssen.

6.1.3 Vereinbarung einer index-sequentiellen Datei

Innerhalb des COBOL-Programms müssen die Kenndaten einer index-sequentiellen Datei, auf die sequentiell zugegriffen werden soll, innerhalb des Paragraphen FILE-CONTROL in der folgenden Form angegeben werden:

```
SELECT interner-dateiname ASSIGN TO "externer-dateiname"
       ORGANIZATION IS INDEXED
       ACCESS MODE IS SEQUENTIAL
       RECORD KEY IS schluesselfeld.
```

Für den Platzhalter *schluesselfeld* ist dasjenige Feld innerhalb der *RECORD KEY-Klausel* anzugeben, das im FD-Eintrag von *interner-dateiname* vereinbart ist und den Satzschlüssel für den direkten Zugriff enthält.

Sofern wir z.B. die Artikeldaten in der index-sequentiellen Datei "artikel.ind" speichern und dazu die (eindeutigen) Artikelnummern als Satzschlüssel verwenden wollen, können wir den folgenden Eintrag innerhalb des Paragraphen FILE-CONTROL vornehmen:

```
SELECT artikel-datei-ind ASSIGN TO "artikel.ind"
       ORGANIZATION IS INDEXED
       ACCESS MODE IS SEQUENTIAL
       RECORD KEY IS artikelnummer-ind.
```

Hinweis: Die Namensergänzung "-ind" fügen wir deswegen an die Bezeichner an, um zu verdeutlichen, daß eine index-sequentielle Datei bearbeitet wird.

Hierdurch wird dem internen Dateinamen "artikel-datei-ind" der externe Dateiname "artikel.ind" zugeordnet. Ferner wird festgelegt, daß der *sequentielle* Zugriff (SEQUENTIAL) auf die index-sequentielle Datei "artikel-datei-ind" eingestellt und der Zugriff über den durch "artikelnummer-ind" bestimmten Satzschlüssel durchgeführt werden soll.

Das Feld "artikelnummer-ind" ist innerhalb des FD-Eintrags wie folgt festgelegt:

```
FD  artikel-datei-ind.
01  artikel-satz-ind.
    02  artikelnummer-ind PIC XX.
    02  FILLER            PIC X(26).
```

Da bei der Verarbeitung auf keine weiteren Satzinhalte von "artikel-satz-ind" zugegriffen werden muß, wird der restliche Pufferbereich durch das Schlüsselwort FILLER reserviert.

6.1.4 Struktogramm zur Lösung von AUF6

Zur Lösung der oben angegebenen Aufgabenstellung AUF6 müssen wir den Inhalt der sequentiellen Datei "artikel.txt" in die Sortier-Datei "sort.txt" übertragen, dort die Sortierung vornehmen und anschließend die nach aufsteigenden Artikelnummern sortierten Sätze in die index-sequentielle Datei "artikel.ind" ausgeben lassen. Somit können wir das folgende Struktogramm als Lösungsplan angeben:

```
ablauf   | uebernimm alle Saetze von "artikel-datei",          |
         | sortiere sie nach aufsteigenden Feldinhalten von "artikelnummer" |
         |       und gib die resultierenden Saetze in die Datei |
         |               "artikel-datei-ind" aus               |
         |-----------------------------------------------------|
         |          beende die Programmausfuehrung             |
```

6.1.5   Lösung von AUF6

Indem wir die beschreibenden Programmteile aus "prog5" übernehmen, die
oben angegebenen Änderungen durchführen und das Struktogramm durch
die SORT- und STOP-Anweisung umsetzen, erhalten wir als Lösung der
Aufgabenstellung AUF6 das folgende Programm:

```cobol
IDENTIFICATION DIVISION.
PROGRAM-ID.
    prog6.
ENVIRONMENT DIVISION.
CONFIGURATION SECTION.
OBJECT-COMPUTER.
    workstation
    PROGRAM COLLATING SEQUENCE IS sortierfolge.
SPECIAL-NAMES.
    ALPHABET sortierfolge IS NATIVE.
INPUT-OUTPUT SECTION.
FILE-CONTROL.
    SELECT artikel-datei ASSIGN TO "artikel.txt"
            ORGANIZATION IS LINE SEQUENTIAL.
    SELECT artikel-datei-ind ASSIGN TO "artikel.ind"
            ORGANIZATION IS INDEXED
            ACCESS MODE IS SEQUENTIAL
            RECORD KEY IS artikelnummer-ind.
    SELECT sort-datei ASSIGN TO "sort.txt".
DATA DIVISION.
FILE SECTION.
FD  artikel-datei.
01  FILLER PIC X(28).
```

```
FD  artikel-datei-ind.
01  artikel-satz-ind.
    02  artikelnummer-ind PIC XX.
    02  FILLER            PIC X(26).
SD  sort-datei.
01  sort-satz.
    02  artikelnummer PIC XX.
    02  FILLER        PIC X(26).
PROCEDURE DIVISION.
ablauf.
    SORT sort-datei
        ASCENDING KEY artikelnummer
        COLLATING SEQUENCE IS sortierfolge
        USING artikel-datei
        GIVING artikel-datei-ind
    STOP RUN.
```

Im Gegensatz zum Programm "prog5" haben wir innerhalb der SORT-Anweisung auf die OUTPUT PROCEDURE-Klausel verzichtet, da wir den sortierten Satzbestand *unverändert* aus der Sortier-Datei übernehmen wollen und zudem in der GIVING-Klausel auch eine index-sequentielle Datei aufgeführt werden darf. Bei diesem Vorgehen muß jedoch sichergestellt sein, daß alle in der Datei "artikel.txt" gespeicherten Artikelnummern *paarweise* voneinander verschieden sind. Dies ist deswegen bedeutsam, weil die Satzschlüssel einer index-sequentiellen Datei *eindeutig* sein müssen.

6.1.6 Einsatz der WRITE-Anweisung mit der INVALID KEY-Klausel

Bei der sequentiellen Datenübertragung in eine index-sequentielle Datei wird automatisch überprüft, ob die einzurichtenden Satzschlüssel sich paarweise voneinander unterscheiden. Tritt ein Satzschlüssel ein zweites Mal auf, so wird die Programmausführung abgebrochen – es sei denn, innerhalb des Programms wird geeignet auf diese Situation reagiert.

Ist nicht gesichert, daß die als Satzschlüssel zu übernehmenden Sortierschlüssel sämtlich voneinander verschieden sind, so muß eine *WRITE-*Anweisung mit einer *INVALID KEY-Klausel* in der folgenden Form eingesetzt werden:

```
WRITE datensatzname
    INVALID KEY invalid-teil
END-WRITE
```

Zwischen den Schlüsselwörtern *INVALID KEY* und *END-WRITE* sind im
Invalid-Teil Anweisungen einzugeben, die dann auszuführen sind, wenn die
Ausgabe eines Satzes *nicht* durchgeführt werden kann. Dies ist z.B. der Fall,
wenn der Speicherbereich auf dem magnetischen Datenträger erschöpft ist,
wenn ein Satzschlüssel doppelt auftritt oder wenn die aufsteigende Sortierfolge der Satzschlüssel nicht eingehalten wird.

Wird diese Form der WRITE-Anweisung eingesetzt, so sollte – im Fehlerfall
– die mögliche Fehlerursache angezeigt und die Verarbeitung ordnungsgemäß
beendet werden.

Wollen wir die sortierten Sätze durch eine WRITE-Anweisung ausgeben
lassen, so müssen wir innerhalb der SORT-Anweisung eine Prozedur
aufführen, in der diese Ausgabe beschrieben wird.

Wir erläutern dieses Vorgehen, indem wir die Datensätze aus der Datei
"vrtrtr.txt" (siehe Aufgabe 2) in die index-sequentielle Datei "vrtrtr.ind"
überführen. Dazu wählen wir die Vertreternummer als Satzschlüssel. Für
die Sortierung müssen wir somit die Vertreternummer als Sortierschlüssel
verwenden, so daß wir das folgende Programm angeben können:

```
IDENTIFICATION DIVISION.
PROGRAM-ID.
    prog6a.
ENVIRONMENT DIVISION.
CONFIGURATION SECTION.
OBJECT-COMPUTER.
    workstation
    PROGRAM COLLATING SEQUENCE IS sortierfolge.
SPECIAL-NAMES.
    ALPHABET sortierfolge IS NATIVE.
INPUT-OUTPUT SECTION.
FILE-CONTROL.
    SELECT vertreter-datei ASSIGN TO "vrtrtr.txt"
        ORGANIZATION IS LINE SEQUENTIAL.
```

```cobol
    SELECT vertreter-datei-ind ASSIGN TO "vrtrtr.ind"
           ORGANIZATION IS INDEXED
           ACCESS MODE IS SEQUENTIAL
           RECORD KEY IS vertreternummer-ind.
    SELECT sort-datei ASSIGN TO "sort.txt".
DATA DIVISION.
FILE SECTION.
FD  vertreter-datei.
01  FILLER PIC X(37).
FD  vertreter-datei-ind.
01  vertreter-satz-ind.
    02  vertreternummer-ind PIC X(4).
    02  FILLER              PIC X(33).
SD  sort-datei.
01  sort-satz.
    02  vertreternummer PIC X(4).
    02  FILLER          PIC X(33).
WORKING-STORAGE SECTION.
01  datei-ende-feld PIC 9 VALUE 0.
    88  datei-ende VALUE 1.
01  fehler-feld PIC 9 VALUE 0.
    88  fehler VALUE 1.
PROCEDURE DIVISION.
ablauf.
    SORT sort-datei
         ASCENDING KEY vertreternummer
         COLLATING SEQUENCE IS sortierfolge
         USING vertreter-datei
         OUTPUT PROCEDURE ausgabe
    STOP RUN.
ausgabe.
    OPEN OUTPUT vertreter-datei-ind
    RETURN sort-datei
       AT END SET datei-ende TO TRUE
    END-RETURN
```

```
PERFORM WITH TEST BEFORE UNTIL datei-ende OR fehler
   MOVE sort-satz TO vertreter-satz-ind
   WRITE vertreter-satz-ind
      INVALID KEY DISPLAY "moeglicher Fehler: Satz doppelt!"
                   MOVE 1 TO fehler-feld
   END-WRITE
   RETURN sort-datei
      AT END SET datei-ende TO TRUE
   END-RETURN
END-PERFORM
CLOSE vertreter-datei-ind.
```

Durch die eingesetzte WRITE-Anweisung

```
WRITE vertreter-satz-ind
   INVALID KEY DISPLAY "moeglicher Fehler: Satz doppelt!"
                MOVE 1 TO fehler-feld
END-WRITE
```

wird im Fehlerfall der Text "moeglicher Fehler: Satz doppelt!" angezeigt.
Anschließend ist die durch den Bedingungsnamen "fehler" gekennzeichnete
Bedingung zutreffend, so daß die Ausführung der PERFORM-Anweisung
und damit auch die Ausführung der Prozedur "ausgabe" beendet wird.

Hinweis: Wir haben eine OPEN- bzw. eine CLOSE-Anweisung zur Eröffnung und zum
Abschluß der index-sequentiellen Datei "vertreter-datei-ind" eingesetzt, da eine automa-
tische Eröffnung und ein automatischer Abschluß einer Ziel-Datei nur dann erfolgt, wenn
die *GIVING-Klausel* innerhalb der SORT-Anweisung eingesetzt wird.

6.1.7 Einsparung von MOVE-Anweisungen

In dem Programm "prog6a" lassen sich die beiden Anweisungen

```
MOVE sort-satz TO vertreter-satz-ind
WRITE vertreter-satz-ind
   INVALID KEY DISPLAY "moeglicher Fehler: Satz doppelt!"
                MOVE 1 TO fehler-feld
END-WRITE
```

durch eine WRITE-Anweisung *abkürzen*, die wie folgt anzugeben ist:

```
WRITE vertreter-satz-ind FROM sort-satz
    INVALID KEY DISPLAY "moeglicher Fehler: Satz doppelt!"
               MOVE 1 TO fehler-feld
END-WRITE
```

Generell kann bei der *WRITE-* und bei der *RELEASE*-Anweisung eine *FROM-Klausel* der Form

```
FROM bezeichner
```

hinter dem Datensatznamen für den Ausgabe-Puffer eingesetzt werden. Dadurch wird zunächst der Inhalt des angegebenen Feldes in den Ausgabe-Puffer übertragen und dieser Inhalt anschießend als Datensatz in die zugehörige Datei ausgegeben.

Umgekehrt läßt sich nach einer Satzeingabe durch eine *READ-* oder eine *RETURN*-Anweisung der in den Eingabe-Puffer übertragene Satz zusätzlich in ein weiteres Datenfeld transportieren. Dazu ist der Bezeichner dieses Feldes in einer *INTO-Klausel* in der Form

```
INTO bezeichner
```

hinter dem Dateinamen der Eingabe-Datei innerhalb der READ- bzw. RETURN-Anweisung aufzuführen.

So läßt sich etwa durch die Anweisung

```
READ artikel-datei INTO satz-ws
    AT END SET datei-ende TO TRUE
END-READ
```

ein Satz in den Eingabe-Puffer von "artikel-datei" und zusätzlich in das Feld "satz-ws" übertragen.

6.2 Sequentieller Zugriff auf den Satzbestand

6.2.1 Verarbeitung als Ausgabe-Datei

Beim Aufbau einer index-sequentiellen Datei muß diese Datei als *Ausgabe-Datei* verarbeitet werden. Wie oben angegeben ist dabei zu beachten, daß die Satzschlüssel in aufsteigender Sortierordnung und paarweise voneinander verschieden sein müssen. Zur Bearbeitung einer *Ausgabe-Datei* sind die folgenden Anweisungen zu verwenden:

Ausgabe-Datei (sequentieller Zugriff):

Eroeffnung zur Ausgabe:	`OPEN OUTPUT dateiname`

sequentielles Schreiben:	`WRITE datensatzname`
	`    INVALID KEY invalid-teil`
	`END-WRITE`

Abmeldung:	`CLOSE dateiname`

6.2.2 Verarbeitung als Eingabe-Datei

Die Satzinhalte einer index-sequentiellen Datei lassen sich auf dem Bildschirm nach genau demselben Verarbeitungsprinzip anzeigen, wie wir es im Kapitel 3 (durch den Einsatz des Programms "prog2") für die Ausgabe der sequentiell organisierten Datei mit den Artikeldaten dargestellt haben.

So können wir z.B. den Satzbestand von "artikel.ind" dadurch auf dem Bildschirm anzeigen lassen, daß wir den alten FILE-CONTROL-Eintrag

```
FILE-CONTROL.
    SELECT artikel-datei ASSIGN TO "artikel.txt"
        ORGANIZATION IS LINE SEQUENTIAL.
```

aus dem Programm "prog2" durch den folgenden Eintrag ersetzen:

```
FILE-CONTROL.
    SELECT artikel-datei ASSIGN TO "artikel.ind"
        ORGANIZATION IS INDEXED
        ACCESS MODE IS SEQUENTIAL
        RECORD KEY IS artikelnummer.
```

Um uns die Änderungsarbeit zu erleichtern, haben wir jetzt den Bezeichner "artikel-datei" – im Gegensatz zum Dateinamen "artikel-datei-ind" beim Dateiaufbau (siehe "prog6") – als internen Dateinamen für die index-sequentielle Eingabe-Datei gewählt. Dies hat den Vorteil, daß wir innerhalb der PROCEDURE DIVISION die alte Angabe "artikel-datei" erhalten können und nicht durch den Namen "artikel-datei-ind" ersetzen müssen.

Hinweis: Der *Nachteil* besteht darin, daß wir die Organisationsform der Datei mit den Artikeldaten jetzt nicht mehr aus dem Dateinamen erkennen können, sondern aus dem FILE-CONTROL-Eintrag entnehmen müssen. An dieser Stelle weisen wir ausdrücklich darauf hin, daß die jeweilige Organisationsform einer Datei vom Kompilierer allein durch den FILE-CONTROL-Eintrag festgestellt wird.

Grundsätzlich ist zu beachten, daß die Datensatz-Beschreibung einer zu verarbeitenden index-sequentiellen Datei den Satzaufbau in genau *derselben* Form beschreiben muß, wie er zuvor bei der *Einrichtung* der index-sequentiellen Datei innerhalb des zugehörigen COBOL-Programms angegeben wurde. Dies gilt ebenso für die Vereinbarung des Satzschlüssels im Hinblick auf seine Position innerhalb der Datensätze.

Hinweis: Natürlich braucht das Schlüsselfeld mit dem Satzschlüssel nicht immer durch ein und denselben Bezeichner gekennzeichnet werden. Es muß allein gesichert sein, daß der jeweils gewählte Bezeichner ein alphanumerisches Feld benennt, das dieselbe Satzposition einnimmt, die das Schlüsselfeld bei der Einrichtung der Datei besessen hat.

Genau wie bei sequentiellen Dateien wird eine index-sequentielle Datei für den *sequentiellen* Zugriff durch die *OPEN*-Anweisung

```
OPEN INPUT dateiname
```

als *Eingabe-Datei* eröffnet (und durch die CLOSE-Anweisung von der Verarbeitung abgemeldet). Entsprechend läßt sich auf die einzelnen Sätze durch die *READ*-Anweisung

```
READ dateiname [ INTO bezeichner ]
    AT END end-teil
END-READ
```

zugreifen.

Insgesamt läßt sich eine index-sequentielle Datei im sequentiellen Zugriff durch die folgenden Anweisungen als *Eingabe-Datei* verarbeiten:

Eingabe-Datei (sequentieller Zugriff):

```
Eroeffnung zur Eingabe:   OPEN INPUT dateiname

Positionierung:           START dateiname
(siehe unten)                 KEY IS { = | > | >= } bezeichner
                              INVALID KEY invalid-teil
                          END-START

sequentielles Lesen:      READ dateiname [ INTO bezeichner ]
                              AT END end-teil
                          END-READ

Abmeldung:                CLOSE dateiname
```

6.2.3   START-Anweisung

Als Besonderheit gegenüber sequentiellen Dateien müssen index-sequentielle Eingabe-Dateien nicht unbedingt mit Beginn des ersten Satzes gelesen werden. Es besteht die Möglichkeit, mit Hilfe einer *START-Anweisung* – über die Angabe eines *Satzschlüssels* – auf einen beliebigen Satz zu positionieren. Anschließend kann dieser Satz (und alle nachfolgenden Sätze) durch die READ-Anweisung eingelesen werden. Zur Positionierung auf den ersten einzulesenden Satz ist die *START*-Anweisung in der folgenden Form zu verwenden:

```
START dateiname
      KEY IS { = | > | >= } bezeichner
      INVALID KEY invalid-teil
END-START
```

Bei der Ausführung dieser Anweisung wird der Zugriff auf denjenigen Satz innerhalb der index-sequentiellen Datei *dateiname* eingestellt, dessen Satzschlüssel durch die *KEY-Klausel* gekennzeichnet ist. Das in der KEY-Klausel aufgeführte Datenfeld "bezeichner" muß als Schlüsselfeld für den Dateizugriff im Paragraphen FILE-CONTROL innerhalb einer RECORD KEY-Klausel vereinbart sein.

Hinweis: **Soll auf den Satz positioniert werden, dessen Satzschlüssel gleich dem aktuellen Inhalt des Schlüsselfeldes ist, so kann die Angabe der KEY-Klausel entfallen.**

Ist das Gleichheitszeichen "=" aufgeführt, so wird der Zugriff auf denjenigen Satz eingestellt, dessen Satzschlüssel mit dem Inhalt des Datenfeldes *bezeichner* übereinstimmt.

Bei Angabe von ">" (bzw. ">=") wird auf den Satz positioniert, dessen Satzschlüssel größer (größer oder gleich) als der Inhalt des Feldes *bezeichner* und unter allen Satzschlüsseln mit dieser Eigenschaft der kleinste Satzschlüssel ist.

Zwischen den Schlüsselwörtern *INVALID KEY* und *END-START* sind im *Invalid-Teil* Anweisungen anzugeben, die dann auszuführen sind, wenn die innerhalb der *KEY-Klausel* aufgeführte Bedingung durch den Satzbestand *nicht* erfüllt werden kann. Normalerweise wird im Invalid-Teil eine Fehlermeldung ausgegeben und ein geeigneter Wert in ein Indikatorfeld des Arbeitsspeichers übertragen.

Wurde durch eine START-Anweisung eine erfolgreiche Positionierung vorgenommen, so kann der Satz, auf den der Zugriff eingestellt ist, durch eine nachfolgende READ-Anweisung eingelesen werden. Durch eine wiederholte Ausführung der READ-Anweisung lassen sich die nachfolgenden Sätze – in aufsteigender logischer Reihenfolge – nach und nach in den Eingabe-Puffer übertragen. Nach der Verarbeitung eines Satzes oder mehrerer aufeinanderfolgender Sätze kann durch eine START-Anweisung eine erneute Positionierung vorgenommen werden, so daß sich weitere Sätze aus dem Satzbestand sequentiell einlesen lassen.

6.2.4 Aufgabenstellung "Anzeige eines Satzbereichs" (AUF7)

Im Hinblick auf die soeben beschriebene Möglichkeit, daß innerhalb des Satzbestandes auf einen Satz positioniert werden kann, stellen wir uns die folgende Aufgabe:

<u>AUF7:</u>   "Anzeige eines Satzbereichs"

Es ist ein Programm zu erstellen, mit dem sich der Inhalt eines Satzbereichs, d.h. eines oder mehrerer aufeinanderfolgender Sätze, aus der indexsequentiellen Datei "artikel.ind" am Bildschirm anzeigen läßt! Ein Satzbereich soll über die Angabe seiner kleinsten und seiner größten Artikelnummer

angefordert werden. Dabei ist derjenige Satz als erster (letzter) anzuzeigen,
dessen Artikelnummer größer oder gleich (kleiner oder gleich) der zuerst (als
zweite) eingegebenen Artikelnummer ist!

**Hinweis: Bei der Ausgabe des Satzbereichs soll die Ausgabe eines nachfolgenden Satzes
durch Drücken der Return-Taste abgerufen werden.**

6.2.5   Beschreibende Programmteile von "prog7"

Zur Lösung der Aufgabenstellung AUF7 ordnen wir der index-sequentiellen
Datei "artikel.ind" mit den Artikeldaten den internen Dateinamen "artikel-
datei-ind" durch den folgenden Eintrag zu:

```
SELECT artikel-datei-ind ASSIGN TO "artikel.ind"
       ORGANIZATION IS INDEXED
       ACCESS MODE IS SEQUENTIAL
       RECORD KEY IS artikelnummer-ind.
```

Der Bezeichner "artikelnummer-ind" muß – innerhalb des FD-Eintrags der
index-sequentiellen Datei "artikel-datei-ind" – das Schlüsselfeld mit der Artikelnummer kennzeichnen. Da wir den gesamten Inhalt der Artikelsätze
ausgeben lassen wollen, verabreden wir den folgenden FD-Eintrag:

```
FD  artikel-datei-ind.
01  artikel-satz-ind.
    02   artikelnummer-ind PIC XX.
    02   artikelname-ind   PIC X(20).
    02   artikelpreis-ind  PIC 9(4)V99.
```

Um den Artikelpreis in lesbarer Form anzeigen zu können, benötigen wir ein
Feld des Arbeitsspeichers zur *Druckaufbereitung*. Dieses Feld vereinbaren
wir wie folgt:

```
01  artikelpreis-aus PIC Z(3)9,99.
```

Zur Speicherung der größten Artikelnummer des Satzbereichs sehen wir das
Feld "letzte-artikel-nummer" vor, das wir durch

```
01  letzte-artikelnummer PIC 99.
```

innerhalb des Arbeitsbereichs vereinbaren.

Als Neuerung gegenüber unserer bisherigen Bearbeitung von Eingabe-Dateien haben wir jetzt zu bedenken, daß eine gezielte Positionierung über einen Satzschlüssel dann zu einem Fehler führen kann, wenn im Bestand kein Satz mit dem bereitgestellten Satzschlüssel existiert. Aus diesem Grund treffen wir die folgende Verabredung innerhalb der WORKING-STORAGE SECTION:

```
01  fehler-signal-feld PIC 9 VALUE 0.
    88  artikelnummer-falsch VALUE 1.
    88  artikelnummer-ok VALUE 0.
```

Das Feld "fehler-signal-feld" soll als Indikatorfeld für einen fehlerhaften Satzzugriff wirksam werden. Die Bedingung "artikelnummer-ok" soll dann zutreffen, wenn dieses Feld den Wert 0 enthält, d.h. wenn noch kein Zugriff stattgefunden hat bzw. der unmittelbar zuvor erfolgte Zugriff erfolgreich war. In dem Fall, in dem ein unmittelbar zuvor durchgeführter Positionierungs-versuch fehlerhaft beendet wurde, weil zum vorgegebenen Satzschlüssel kein Satz vorhanden ist, soll das Indikatorfeld den Wert 1 enthalten und somit die Bedingung "artikelnummer-falsch" erfüllt sein.

Damit beim sequentiellen Zugriff das Erreichen des Dateiendes festgestellt werden kann, vereinbaren wir:

```
01  datei-ende-feld PIC 9 VALUE 0.
    88  datei-ende VALUE 1.
```

Für die Ausgabe eines Satzbereichs sehen wir vor, daß nach der Ausgabe eines Satzes der Leseversuch für den nächsten Satz solange hinausgezögert werden soll, bis die Return-Taste gedrückt wird. Hierzu vereinbaren wir das Feld "dummy-ein" in der Form:

```
01  dummy-ein PIC X.
```

Die zur Lösung von AUF7 benötigten Datenfelder und Zuordnungen fassen wir innerhalb der beschreibenden Programmteile von "prog7" wie folgt zusammen:

```
IDENTIFICATION DIVISION.
PROGRAM-ID.
    prog7.
ENVIRONMENT DIVISION.
CONFIGURATION SECTION.
SPECIAL-NAMES.
    DECIMAL-POINT IS COMMA.
INPUT-OUTPUT SECTION.
FILE-CONTROL.
    SELECT artikel-datei-ind ASSIGN TO "artikel.ind"
            ORGANIZATION IS INDEXED
            ACCESS MODE IS SEQUENTIAL
            RECORD KEY IS artikelnummer-ind.
DATA DIVISION.
FILE SECTION.
FD  artikel-datei-ind.
01  artikel-satz-ind.
    02  artikelnummer-ind PIC XX.
    02  artikelname-ind   PIC X(20).
    02  artikelpreis-ind  PIC 9(4)V99.
WORKING-STORAGE SECTION.
01  artikelpreis-aus PIC Z(3)9,99.
01  letzte-artikelnummer PIC 99.
01  fehler-signal-feld PIC 9 VALUE 0.
    88  artikelnummer-falsch VALUE 1.
    88  artikelnummer-ok VALUE 0.
01  datei-ende-feld PIC 9 VALUE 0.
    88  datei-ende VALUE 1.
01  dummy-ein PIC X.
```

6.2.6 Struktogramme und PROCEDURE DIVISION zur Lösung von AUF7

Auf der Basis der vereinbarten Bezeichner beschreiben wir nachfolgend
die einzelnen Verarbeitungsschritte, die zur Anzeige des angeforderten
Satzbereichs erforderlich sind. Dazu gliedern wir den Lösungsplan – der
Übersichtlichkeit halber – in die beiden folgenden Struktogramme:

ablauf

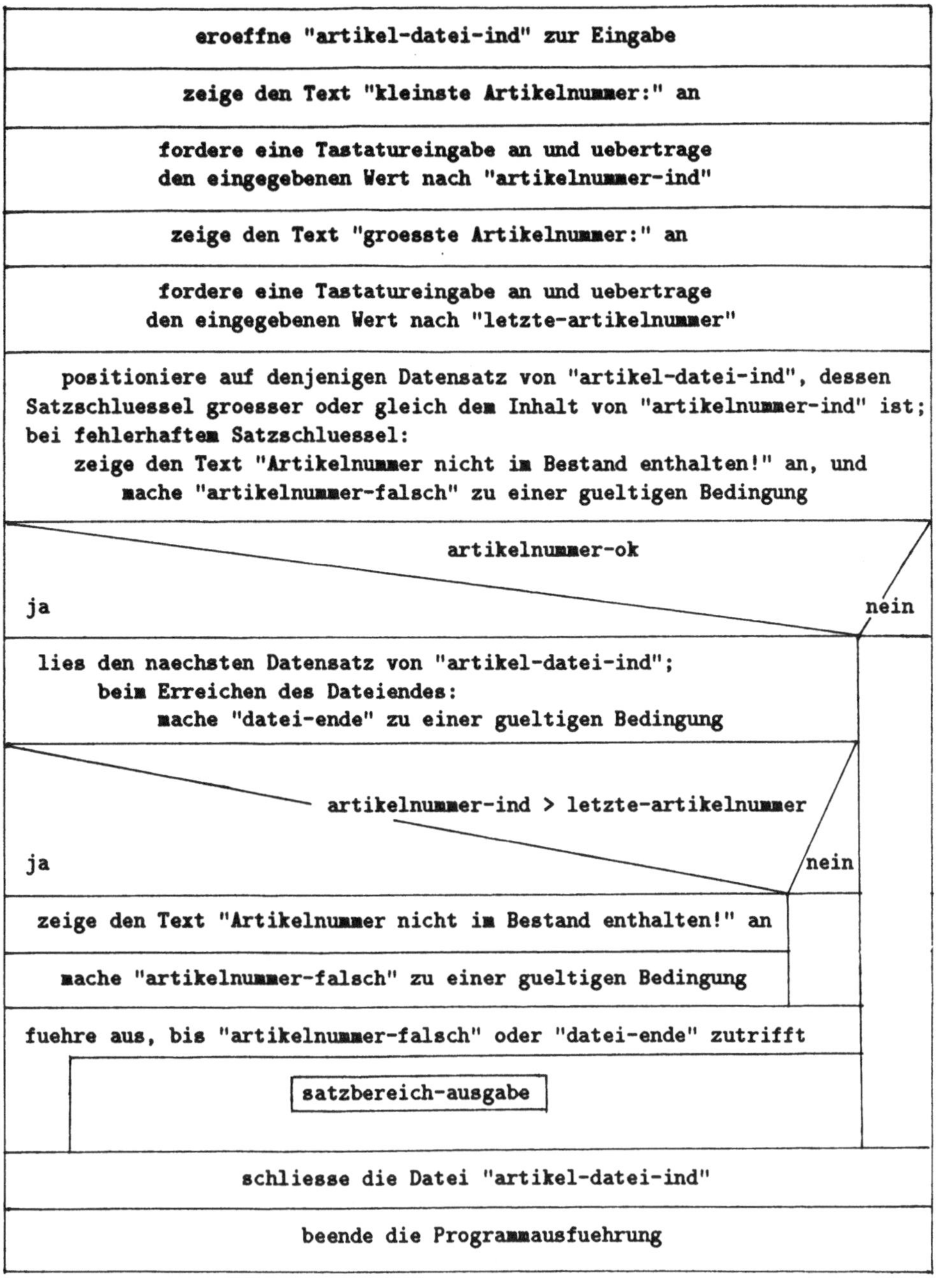

eroeffne "artikel-datei-ind" zur Eingabe

zeige den Text "kleinste Artikelnummer:" an

fordere eine Tastatureingabe an und uebertrage
den eingegebenen Wert nach "artikelnummer-ind"

zeige den Text "groesste Artikelnummer:" an

fordere eine Tastatureingabe an und uebertrage
den eingegebenen Wert nach "letzte-artikelnummer"

positioniere auf denjenigen Datensatz von "artikel-datei-ind", dessen
Satzschluessel groesser oder gleich dem Inhalt von "artikelnummer-ind" ist;
bei fehlerhaftem Satzschluessel:
   zeige den Text "Artikelnummer nicht im Bestand enthalten!" an, und
     mache "artikelnummer-falsch" zu einer gueltigen Bedingung

artikelnummer-ok
ja   nein

lies den naechsten Datensatz von "artikel-datei-ind";
   beim Erreichen des Dateiendes:
      mache "datei-ende" zu einer gueltigen Bedingung

artikelnummer-ind > letzte-artikelnummer
ja   nein

zeige den Text "Artikelnummer nicht im Bestand enthalten!" an

mache "artikelnummer-falsch" zu einer gueltigen Bedingung

fuehre aus, bis "artikelnummer-falsch" oder "datei-ende" zutrifft

satzbereich-ausgabe

schliesse die Datei "artikel-datei-ind"

beende die Programmausfuehrung

satzbereich-ausgabe

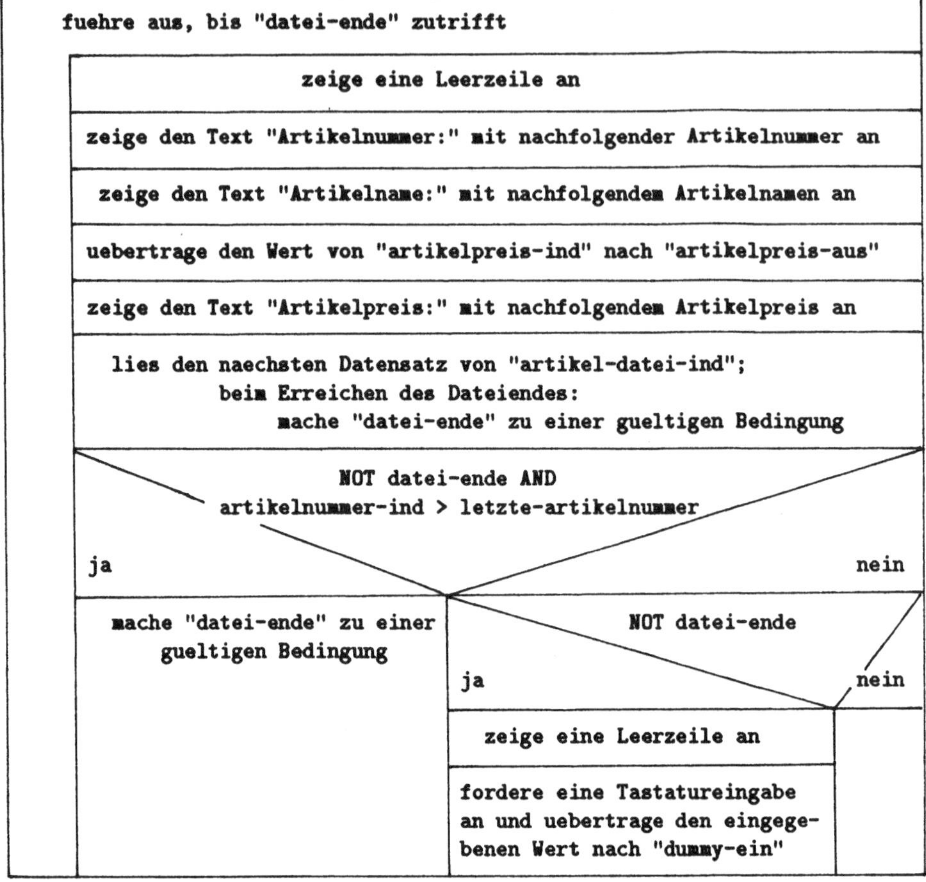

Durch die Umformung der Struktogramme erhalten wir als Lösung unserer Aufgabenstellung die folgende PROCEDURE DIVISION:

```
PROCEDURE DIVISION.
ablauf.
    OPEN INPUT artikel-datei-ind
    DISPLAY "kleinste Artikelnummer:" WITH NO ADVANCING
    ACCEPT artikelnummer-ind
    DISPLAY "groesste Artikelnummer:" WITH NO ADVANCING
    ACCEPT letzte-artikelnummer
    START artikel-datei-ind
        KEY IS >= artikelnummer-ind
        INVALID KEY
```

```cobol
                DISPLAY "Artikelnummer nicht im Bestand enthalten!"
                SET artikelnummer-falsch TO TRUE
        END-START
        IF artikelnummer-ok
            THEN
                READ artikel-datei-ind
                    AT END SET datei-ende TO TRUE
                END-READ
                IF artikelnummer-ind > letzte-artikelnummer
                    THEN DISPLAY
                        "Artikelnummer nicht im Bestand enthalten!"
                        SET artikelnummer-falsch TO TRUE
                END-IF
                PERFORM satzbereich-ausgabe WITH TEST BEFORE
                    UNTIL artikelnummer-falsch OR datei-ende
        END-IF
        CLOSE artikel-datei-ind
        STOP RUN.
satzbereich-ausgabe.
    PERFORM WITH TEST BEFORE UNTIL datei-ende
        DISPLAY SPACES
        DISPLAY "Artikelnummer:" artikelnummer-ind
        DISPLAY "Artikelname:" artikelname-ind
        MOVE artikelpreis-ind TO artikelpreis-aus
        DISPLAY "Artikelpreis:" artikelpreis-aus
        READ artikel-datei-ind
            AT END SET datei-ende TO TRUE
        END-READ
        IF NOT datei-ende AND
            artikelnummer-ind > letzte-artikelnummer
            THEN SET datei-ende TO TRUE
            ELSE IF NOT datei-ende
                    THEN DISPLAY SPACES
                        ACCEPT dummy-ein
                END-IF
        END-IF
    END-PERFORM.
```

6.2.7   Verarbeitung als Update-Datei

Sind Änderungen im Satzbestand einer index-sequentiellen Datei
durchzuführen, so muß die Datei als *Update-Datei* bearbeitet werden. Dazu
stehen die folgenden Anweisungen zur Verfügung:

Update-Datei (sequentieller Zugriff):

Eroeffnung zum Update:	`OPEN I-O dateiname`
Positionierung:	`START dateiname` ` KEY IS { =	>	>= } bezeichner` ` INVALID KEY invalid-teil` `END-START`

sequentielles Lesen:	`READ dateiname [ INTO bezeichner ]`
	`    AT END end-teil`
	`END-READ`

Ersetzung:	`REWRITE datensatzname`
	`        [ FROM bezeichner ]`
	`    INVALID KEY invalid-teil`
	`END-REWRITE`

Loeschung:	`DELETE dateiname RECORD`
Abmeldung:	`CLOSE dateiname`

Soll der Inhalt eines Satzes geändert bzw. ein Satz aus dem Satzbestand
entfernt werden, so muß der betreffende Satz in den Puffer eingelesen werden.
Dazu kann mit der START-Anweisung auf diesen Satz positioniert werden,
so daß eine nachfolgende READ-Anweisung zur Übertragung in den Puffer
führt. Eine andere Möglichkeit besteht darin, den Satzbestand von Beginn
an solange durch READ-Anweisungen einzulesen, bis der gewünschte Satz
in den Puffer gelangt ist.

Durch die *REWRITE*-Anweisung wird der (geänderte) Pufferinhalt als neuer
Satz an die ursprüngliche Position im Satzbestand übertragen, so daß der
alte Satzinhalt ersetzt wird.   Falls der Satzschlüssel oder die Satzlänge
verändert wurde, werden die Anweisungen des *Invalid-Teils* ausgeführt.

Durch die *DELETE*-Anweisung wird der zuvor eingelesene Satz als gelöscht gekennzeichnet. Diese *logische Löschung* verhindert, daß kein neuerlicher Zugriff über den betreffenden Satzschlüssel möglich ist. Diese Löschung sorgt nur für eine Kennzeichnung innerhalb der Index-Tabelle und nicht für die physikalische Entfernung aus dem Satzbestand.

Hinweis: Ein Hinzufügen neuer Sätze in eine bereits vorhandene index- sequentielle Datei ist im sequentiellen Zugriff *nicht* möglich.

6.3 Gezielter Zugriff auf den Satzbestand

6.3.1 Aufgabenstellung "Direktzugriff" (AUF8)

Wir haben bislang dargestellt, wie sich der Satzbestand einer index-sequentiellen Datei sequentiell bearbeiten läßt. Dadurch haben wir gezeigt, daß sämtliche Verfahren, die wir für die Bearbeitung sequentieller Dateien angegeben haben, auch für index-sequentielle Dateien einsetzbar sind.

Der große Vorteil eines index-sequentiell organisierten Satzbestandes besteht darin, daß auf einzelne Datensätze *gezielt* zugegriffen werden kann. Um zu lernen, welche Vorkehrungen dazu zu treffen sind, stellen wir uns die folgende Aufgabe:

<u>AUF8:</u>   "Direktzugriff"

Es ist ein Programm zu erstellen, mit dem sich Inhalte von Artikelsätzen aus der index-sequentiellen Datei "artikel.ind" über die Angabe der Artikelnummer am Bildschirm anzeigen lassen!

6.3.2 Beschreibende Programmteile von "prog8"

Innerhalb des COBOL-Programms müssen die Kenndaten einer index-sequentiellen Datei, auf deren Sätze *gezielt* zugegriffen werden soll, innerhalb des Paragraphen FILE-CONTROL in der folgenden Form angegeben werden:

```
SELECT interner-dateiname ASSIGN TO "externer-dateiname"
       ORGANIZATION IS INDEXED
       ACCESS MODE IS RANDOM
       RECORD KEY IS schluesselfeld.
```

Gegenüber dem oben für den sequentiellen Zugriff aufgeführten FILE-CONTROL-Eintrag ist somit innerhalb der ASSIGN-Klausel anstelle des Schlüsselworts *SEQUENTIAL* das Schlüsselwort *RANDOM* anzugeben.

Zur Lösung der Aufgabenstellung AUF8 müssen wir die index-sequentielle Datei "artikel.ind" mit den Artikeldaten somit dem internen Dateinamen "artikel-datei-ind" durch den folgenden Eintrag zuordnen:

```
SELECT artikel-datei-ind ASSIGN TO "artikel.ind"
    ORGANIZATION IS INDEXED
    ACCESS MODE IS RANDOM
    RECORD KEY IS artikelnummer-ind.
```

Da wir erneut den gesamten Inhalt der Artikelsätze anzeigen lassen wollen, verabreden wir wiederum den folgenden FD-Eintrag:

```
FD  artikel-datei-ind.
01  artikel-satz-ind.
    02  artikelnummer-ind PIC XX.
    02  artikelname-ind   PIC X(20).
    02  artikelpreis-ind  PIC 9(4)V99.
```

Damit der Artikelpreis in lesbarer Form angezeigt werden kann, vereinbaren wir wiederum:

```
01  artikelpreis-aus PIC Z(3)9,99.
```

Um nach der Ausgabe eines Artikelsatzes abfragen zu können, ob der Zugriff auf einen weiteren Satz gewünscht wird, definieren wir genau wie im Erfassungsprogramm "prog1":

```
01  ende-ein PIC X.
    88  ende VALUE "j" "J".
```

Als Neuerung gegenüber unserer bisherigen Bearbeitung von Eingabe-Dateien haben wir jetzt zu bedenken, daß ein gezielter Zugriff über einen Satzschlüssel dann zu einem Fehler führen kann, wenn *kein* Satz mit dem bereitgestellten Satzschlüssel im Bestand existiert. Aus diesem Grund treffen wir entsprechend den Angaben im Programm "prog7" die folgende Verabredung innerhalb der WORKING-STORAGE SECTION:

```
01  fehler-signal-feld PIC 9 VALUE 0.
    88  artikelnummer-falsch VALUE 1.
    88  artikelnummer-ok VALUE 0.
```

Das Feld "fehler-signal-feld" soll wiederum als Indikatorfeld für einen fehlerhaften Satzzugriff wirksam werden. Die Bedingung "artikelnummer-ok" soll dann zutreffen, wenn dieses Feld den Wert 0 enthält, d.h. wenn noch kein Zugriff stattgefunden hat bzw. der unmittelbar zuvor erfolgte Zugriff erfolgreich war. In dem Fall, in dem ein unmittelbar zuvor durchgeführter Lesezugriff fehlerhaft war, weil zum vorgegebenen Satzschlüssel kein Satz vorhanden ist, soll das Indikatorfeld den Wert 1 enthalten und somit die Bedingung "artikelnummer-falsch" erfüllt sein.

Die zur Lösung von AUF8 erforderlichen Zuordnungen und Datenfeldvereinbarungen fassen wir wie folgt innerhalb der beschreibenden Programmteile zusammen:

```
IDENTIFICATION DIVISION.
PROGRAM-ID.
    prog8.
ENVIRONMENT DIVISION.
CONFIGURATION SECTION.
SPECIAL-NAMES.
    DECIMAL-POINT IS COMMA.
INPUT-OUTPUT SECTION.
FILE-CONTROL.
    SELECT artikel-datei-ind ASSIGN TO "artikel.ind"
        ORGANIZATION IS INDEXED
        ACCESS MODE IS RANDOM
        RECORD KEY IS artikelnummer-ind.
DATA DIVISION.
FILE SECTION.
FD  artikel-datei-ind.
01  artikel-satz-ind.
    02  artikelnummer-ind PIC XX.
    02  artikelname-ind   PIC X(20).
    02  artikelpreis-ind  PIC 9(4)V99.
WORKING-STORAGE SECTION.
01  artikelpreis-aus PIC Z(3)9,99.
01  ende-ein PIC X.
```

```
88   ende VALUE "j" "J".
01   fehler-signal-feld PIC 9 VALUE 0.
     88   artikelnummer-falsch VALUE 1.
     88   artikelnummer-ok VALUE 0.
```

6.3.3   Struktogramme zur Lösung von AUF8

Auf der Basis der dadurch vereinbarten Bezeichner beschreiben wir nachfolgend die einzelnen Verarbeitungsschritte, die zur Anzeige der Artikeldaten erforderlich sind. Dabei gliedern wir den Lösungsplan – der Übersichtlichkeit halber – in die beiden folgenden Struktogramme:

```
ablauf
```

<table>
<tr><td colspan="2">eroeffne "artikel-datei-ind" zur Eingabe</td></tr>
<tr><td></td><td>zeige den Text "Artikelnummer:" an</td></tr>
<tr><td></td><td>fordere eine Tastatureingabe an und uebertrage
den eingegebenen Wert nach "artikelnummer-ind"</td></tr>
<tr><td></td><td>lies den zum Inhalt von "artikelnummer-ind"
gehoerenden Datensatz von "artikel-datei-ind";
   bei fehlerhaftem Satzschluessel:
   zeige den Text "Artikelnummer nicht im Bestand enthalten!" an, und
mache "artikelnummer-falsch" zu einer gueltigen Bedingung</td></tr>
<tr><td></td><td>| ausgabe |</td></tr>
<tr><td></td><td>zeige eine Leerzeile an</td></tr>
<tr><td></td><td>zeige den Text "Ende?(j/J):" an</td></tr>
<tr><td></td><td>fordere eine Tastatureingabe an und uebertrage den eingegebenen Wert
nach "ende-ein"</td></tr>
<tr><td></td><td>zeige eine Leerzeile an</td></tr>
<tr><td colspan="2">fuehre wiederholt aus, bis "ende" zutrifft</td></tr>
<tr><td colspan="2">schliesse die Datei "artikel-datei-ind"</td></tr>
<tr><td colspan="2">beende die Programmausfuehrung</td></tr>
</table>

ausgabe

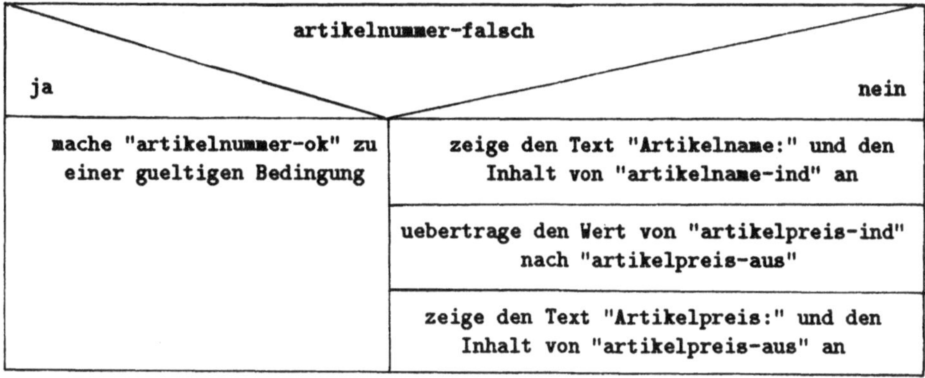

Im Ja-Zweig des Bedingungsblocks sorgen wir dafür, daß die Bedingung "artikelnummer-falsch" für den nachfolgenden Lesezugriff nicht mehr gültig ist. Indem "artikelnumer-ok" zu einer zutreffenden Bedingung wird, erfolgt die dazu erforderliche Übertragung des Wertes 0 in das Feld "fehler-signal-feld".

6.3.4   READ-Anweisung beim gezielten Zugriff

Um den oben angegebenen Strukturblock zum Einlesen eines Satzes umzuformen, müssen wir die READ-Anweisung für den *gezielten* Satzzugriff einsetzen. Damit ein Satz, der durch einen Satzschlüssel adressiert ist, in den zugehörigen Eingabe-Puffer übertragen wird, ist die READ-Anweisung in der folgenden Form zu verwenden:

```
READ dateiname
    INVALID KEY invalid-teil
END-READ
```

Zwischen den Schlüsselwörtern *INVALID KEY* und *END-READ* sind im *Invalid-Teil* Anweisungen anzugeben, die dann auszuführen sind, wenn zu dem im Schlüsselfeld vorgegebenen Satzschlüssel *kein* Satz in der Eingabe-Datei vorhanden ist. Normalerweise wird im Invalid-Teil eine Fehlermeldung ausgegeben und zusätzlich eine Anweisung eingetragen, die einen geeigneten Wert in ein Indikatorfeld des Arbeitsspeichers einträgt.

Wir haben in unserem Fall das Feld "fehler-signal-feld" als ein derartiges Indikatorfeld vorgesehen und werden daher im Invalid-Teil die Anweisung

```
SET artikelnummer-falsch TO TRUE
```

eintragen. Somit läßt sich der Strukturblock zum Einlesen eines Satzes in
die folgende READ-Anweisung umwandeln:

```
READ artikel-datei-ind
    INVALID KEY
        DISPLAY "Artikelnummer nicht im Bestand enthalten!"
        SET artikelnummer-falsch TO TRUE
END-READ
```

6.3.5   Ausführungsteil von "prog8"

Insgesamt erhalten wir durch die Umformung der beiden oben angegebenen
Struktogramme die folgende PROCEDURE DIVISION mit den Prozeduren
"ablauf" und "ausgabe":

```
PROCEDURE DIVISION.
ablauf.
    OPEN INPUT artikel-datei-ind
    PERFORM WITH TEST AFTER UNTIL ende
        DISPLAY "Artikelnummer:" WITH NO ADVANCING
        ACCEPT artikelnummer-ind
        READ artikel-datei-ind
            INVALID KEY
                DISPLAY "Artikelnummer nicht im Bestand enthalten!'
                SET artikelnummer-falsch TO TRUE
        END-READ
        PERFORM ausgabe
        DISPLAY SPACES
        DISPLAY "Ende?(j/J):" WITH NO ADVANCING
        ACCEPT ende-ein
        DISPLAY SPACES
    END-PERFORM
    CLOSE artikel-datei-ind
    STOP RUN.
```

```
ausgabe.
    IF artikelnummer-falsch
        THEN
            SET artikelnummer-ok TO TRUE
        ELSE
            DISPLAY "Artikelname:" artikelname-ind
            MOVE artikelpreis-ind TO artikelpreis-aus
            DISPLAY "Artikelpreis:" artikelpreis-aus
    END-IF.
```

6.3.6   READ-Anweisung mit der NOT INVALID KEY-Klausel

Die oben angegebene Syntax der READ-Anweisung für den Direkt-Zugriff beschreibt, daß diejenigen Anweisungen in den *Invalid-Teil* der READ-Anweisung einzutragen sind, die beim *erfolglosen* Zugriffsversuch über einen vorgegebenen Satzschlüssel auszuführen sind. Darüberhinaus besteht die Möglichkeit, Anweisungen, die nach einem *erfolgreichen* Zugriff auszuführen sind, ebenfalls innerhalb einer READ-Anweisung zu integrieren. Dazu ist die READ-Anweisung in der folgenden Form zu verwenden:

```
READ dateiname
    INVALID KEY invalid-teil
    NOT INVALID KEY not-invalid-teil
END-READ
```

Die zwischen den Schlüsselwörtern *NOT INVALID KEY* und *END-READ* innerhalb des *Not-Invalid-Teils* aufgeführten Anweisungen werden dann ausgeführt, wenn der Satz, zu dem ein Satzschlüssel im Schlüsselfeld vorgegeben ist, *erfolgreich* eingelesen werden konnte – andernfalls werden die Anweisungen des *Invalid-Teils* ausgeführt.

Hinweis: Es ist zu beachten, daß *zuerst* der *Invalid-Teil* und anschließend der *Not-Invalid-Teil* anzugeben ist.

Bei allen Anweisungen für den Zugriff auf den Satzbestand, für die eine AT END- oder eine INVALID KEY-Klausel angegeben werden muß, kann *ergänzend* eine NOT AT END- bzw. eine NOT INVALID KEY-Klausel aufgeführt werden. Es ist ebenfalls erlaubt, eine NOT AT END-Klausel oder eine NOT INVALID KEY-Klausel *anstelle* einer AT END-Klausel bzw. einer INVALID KEY-Klausel anzugeben.

6.3.7   Aufgabenstellung "Umsatzbericht" (AUF9)

Um den Einsatz der READ-Anweisung in der oben angegebenen Form zu
üben, stellen wir uns die folgende Aufgabe:

<u>AUF9:</u>   "Umsatzbericht"

Ausgehend von den Satzbeständen der sequentiellen Datei "umsatz.txt"
(siehe Abschnitt 1.16) und den index-sequentiellen Dateien "artikel.ind" und
"vrtrtr.ind" (siehe Abschnitt 6.1.6) ist ein Umsatzbericht am Bildschirm
auszugeben, in dem Angaben zu den Vertreternamen, Artikelnamen, Stückzahlen, Stückpreisen und Gesamtpreisen enthalten sind. Nach der Ausgabe
von jeweils maximal 5 Postenzeilen soll eine nachfolgende Ausgabe durch
das Drücken der Return-Taste angefordert werden!

6.3.8   Beschreibende Programmteile von "prog9"

Zur Lösung dieser Aufgabenstellung geben wir die beschreibenden Programmteile wie folgt an:

```
IDENTIFICATION DIVISION.
PROGRAM-ID.
    prog9.
ENVIRONMENT DIVISION.
CONFIGURATION SECTION.
SPECIAL-NAMES.
    DECIMAL-POINT IS COMMA.
INPUT-OUTPUT SECTION.
FILE-CONTROL.
    SELECT umsatz-datei ASSIGN TO "umsatz.txt"
        ORGANIZATION IS LINE SEQUENTIAL.
    SELECT vertreter-datei-ind ASSIGN TO "vrtrtr.ind"
        ORGANIZATION IS INDEXED
        ACCESS MODE IS RANDOM
        RECORD KEY IS vertreternummer IN vertreter-satz.
```

```
        SELECT artikel-datei-ind ASSIGN TO "artikel.ind"
               ORGANIZATION IS INDEXED
               ACCESS MODE IS RANDOM
               RECORD KEY IS artikelnummer IN artikel-satz.
DATA DIVISION.
FILE SECTION.
FD  umsatz-datei.
01  umsatz-satz.
    02  vertreternummer PIC 9(4).
    02  FILLER          PIC X(3).
    02  artikelnummer   PIC 99.
    02  anzahl          PIC 999.
FD  vertreter-datei-ind.
01  vertreter-satz.
    02  vertreternummer PIC X(4).
    02  vertretername   PIC X(30).
    02  FILLER          PIC X(3).
FD  artikel-datei-ind.
01  artikel-satz.
    02  artikelnummer PIC XX.
    02  artikelname   PIC X(20).
    02  artikelpreis  PIC 9(4)V99.
WORKING-STORAGE SECTION.
01  gesamtpreis PIC Z(7)9,99.
01  anzahl-aus PIC ZZ9.
01  artikelpreis-aus PIC Z(3)9,99.
01  vorhanden-feld PIC 9.
    88  nicht-vorhanden VALUE 1.
    88  vorhanden VALUE 0.
01  datei-ende-feld PIC 9 VALUE 0.
    88  datei-ende VALUE 1.
01  zeilenzahl PIC 99 VALUE 5.
    88  neue-seite VALUE 5.
01  ueberschrift-zeile-1 PIC X(78)
    VALUE "          Vertretername          Artikelname        Anzahl
-      "Preis  Gesamtpreis".
```

```
01  ueberschrift-zeile-2.
    02  FILLER PIC X(30) VALUE ALL "-".
    02  FILLER PIC X     VALUE SPACES.
    02  FILLER PIC X(20) VALUE ALL "-".
    02  FILLER PIC X     VALUE SPACES.
    02  FILLER PIC X(6)  VALUE ALL "-".
    02  FILLER PIC X     VALUE SPACES.
    02  FILLER PIC X(7)  VALUE ALL "-".
    02  FILLER PIC X     VALUE SPACES.
    02  FILLER PIC X(11) VALUE ALL "-".
01  dummy-ein PIC X.
01  anfang-feld PIC 9 VALUE 1.
    88  anfang VALUE 1.
    88  kein-anfang VALUE 0.
```

In der FILE SECTION haben wir die FD-Einträge in der Form angegeben,
wie sie bei der Einrichtung der Dateien "umsatz.txt"(siehe Abschnitt 1.16),
"artikel.ind" (siehe Abschnitt 6.1.5) und "vrtrtr.ind" (siehe Abschnitt 6.1.6)
von uns verwendet wurden.

6.3.9   Qualifizierung von Bezeichnern

Bisher haben wir in unseren Programmen die Namen für Datenfelder immer
eindeutig vergeben. Im Hinblick auf die unveränderte Übernahme der ursprünglichen FD-Einträge sind wir jetzt in der Situation, daß die Bezeichner
"vertreternummer" und "artikelnummer" jeweils zweimal in den Datensatz-
Beschreibungen angegeben sind.

In COBOL besteht die Möglichkeit, gleiche Namen für unterschiedliche
Datenfelder zu vergeben. Damit ein *eindeutiger* Zugriff gewährleistet ist,
müssen die zugehörigen Bezeichner – durch den Einsatz des Schlüsselworts
IN – qualifiziert werden. Dies bedeutet, daß sie über einen Bezeichner eines
ihnen übergeordneten Datenfeldes (Qualifizierer) *eindeutig* gemacht werden.

Diese Möglichkeit haben wir bereits innerhalb des Paragraphen FILE-
CONTROL durch den Eintrag der RECORD KEY-Klausel in der Form

```
RECORD KEY IS artikelnummer IN artikel-satz.
```

genutzt. Durch die Angabe

```
artikelnummer IN artikel-satz
```

wird das Feld "artikelnummer" im Datensatz "artikel-satz" adressiert. Entsprechend läßt sich durch die *Qualifizierung*

```
artikelnummer IN umsatz-satz
```

auf das zugehörige Datenfeld im Datensatz "umsatz-satz" zugreifen.

Hinweis: Anstelle des Schlüsselworts IN kann auch das Schlüsselwort *OF* zur Qualifizierung verwendet werden.

Generell ist bei einer Qualifizierung zu beachten, daß der Qualifizierer dem zu qualifizierenden Datenfeld – im selben Datensatz – *übergeordnet* sein muß. Darüber hinaus dürfen zu qualifizierende Datenfelder, die innerhalb von FD-Einträgen definiert sind, auch durch den Dateinamen aus dem FD-Eintrag qualifiziert werden.

Somit ist auch eine Qualifierung der Form

```
artikelnummer IN umsatz-datei
```

erlaubt. Da die Angabe ausreichend vieler Qualifizierer zulässig ist und auch redundante Angaben erlaubt sind, kann das Datenfeld "artikelnummer" auch durch

```
artikelnummer IN umsatz-satz IN umsatz-datei
```

qualifiziert werden.

6.3.10 Struktogramme zur Lösung von AUF9

Auf der Basis der oben angegebenen Bezeichner beschreiben wir nachfolgend die einzelnen Verarbeitungsschritte, die zur Anzeige der Umsatzdaten erforderlich sind. Dabei gliedern wir den Lösungsplan – der Übersichtlichkeit halber – in die vier folgenden Struktogramme:

ablauf

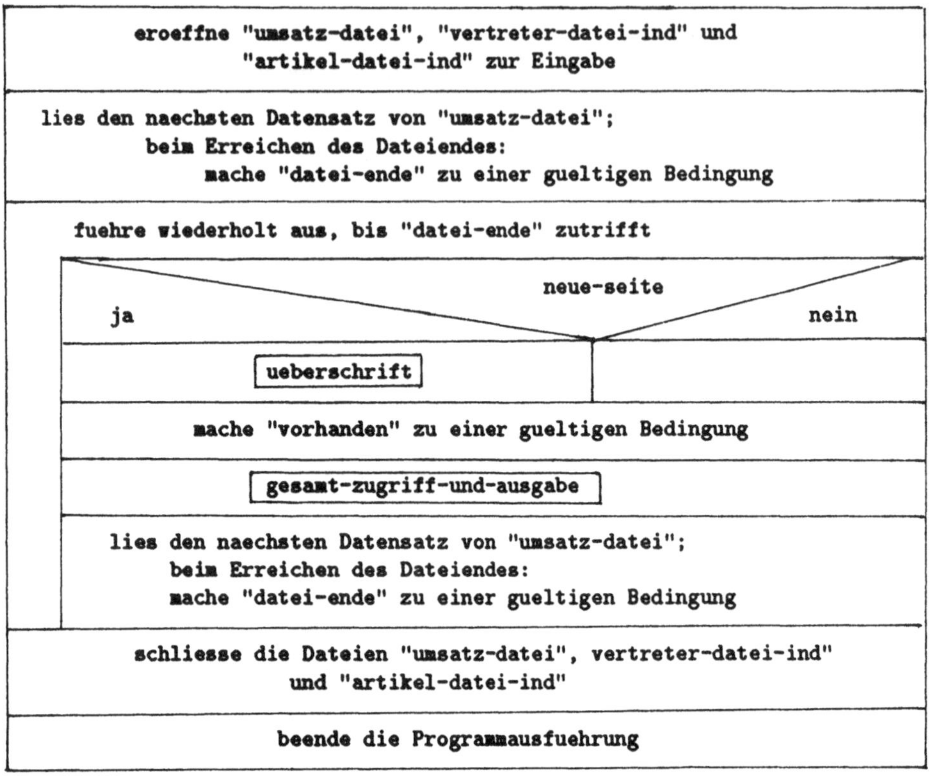

eroeffne "umsatz-datei", "vertreter-datei-ind" und
"artikel-datei-ind" zur Eingabe
lies den naechsten Datensatz von "umsatz-datei";
beim Erreichen des Dateiendes:
mache "datei-ende" zu einer gueltigen Bedingung
fuehre wiederholt aus, bis "datei-ende" zutrifft
neue-seite
ja
nein
ueberschrift
mache "vorhanden" zu einer gueltigen Bedingung
gesamt-zugriff-und-ausgabe
lies den naechsten Datensatz von "umsatz-datei";
beim Erreichen des Dateiendes:
mache "datei-ende" zu einer gueltigen Bedingung
schliesse die Dateien "umsatz-datei", vertreter-datei-ind"
und "artikel-datei-ind"
beende die Programmausfuehrung

ueberschrift

anfang
ja
nein
mache
"kein-anfang"
zu einer gueltigen
Bedingung
zeige den Text "weitere Ausgabe durch
Druck der Return-Taste!" an
fordere eine Tastatureingabe an und
uebertrage den Wert nach "dummy-ein"
uebertrage den Wert 0 nach "zeilenzahl"
zeige den Inhalt von "ueberschrift-zeile-1" an
zeige den Inhalt von "ueberschrift-zeile-2" an
zeige eine Leerzeile an

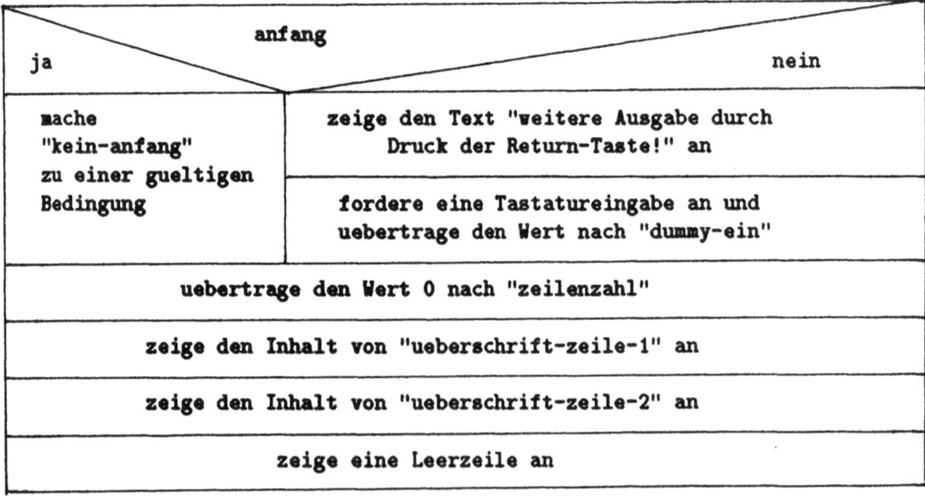

gesamt-zugriff-und-ausgabe

```
        uebertrage den Wert von "artikelnummer IN umsatz-satz"
                 nach "artikelnummer IN artikel-satz"

        lies den zum Inhalt von "artikelnummer IN artikel-satz"
                 gehoerenden Datensatz von "artikel-datei-ind";
             bei fehlerhaftem Satzschluessel:
                 zeige den Text "Artikelnummer nicht vorhanden:"
                     und die betreffende Artikelnummer an, und
                 mache "nicht-vorhanden" zu einer gueltigen Bedingung;
             bei erfolgreichem Zugriff:
                 fuehre die Prozedur "zugriff-und-ausgabe" aus
```

zugriff-und-ausgabe

```
         uebertrage den Wert von "vertreternummer IN umsatz-satz"
                  nach "vertreternummer IN vertreter-satz"

    lies den zum Inhalt von "vertreternummer IN vertreter-satz"
                 gehoerenden Datensatz von "vertreter-datei-ind";
         bei fehlerhaftem Satzschluessel:
             zeige den Text "Vertreternummer nicht vorhanden:"
                 und die betreffende Vertreternummer an, und
             mache "nicht-vorhanden" zu einer gueltigen Bedingung
         bei erfolgreichem Zugriff:
             berechne den Wert von "gesamtpreis" aus dem Produkt
                 von "anzahl" und "artikelpreis", und
             uebertrage den Wert von "anzahl" nach "anzahl-aus", und
             uebertrage den Wert von "artikelpreis" nach "artikelpreis-aus", und
             zeige den Inhalt von "vertretername", "artikelname",
                 "anzahl-aus", "artikelpreis-aus" und "gesamtpreis" an, und
             erhoehe den Wert von "zeilenzahl" um 1
```

6.3.11 PROCEDURE DIVISION von "prog9"

Insgesamt erhalten wir durch die Umformung der oben angegebenen Struktogramme die folgende PROCEDURE DIVISION mit den Prozeduren "ablauf", "ueberschrift", "gesamt-zugriff-und-ausgabe" und "zugriff-undausgabe":

```
PROCEDURE DIVISION.
ablauf.
    OPEN INPUT umsatz-datei vertreter-datei-ind artikel-datei-ind
    READ umsatz-datei AT END SET datei-ende TO TRUE
    END-READ
```

```
    PERFORM WITH TEST BEFORE UNTIL datei-ende
       IF neue-seite
          THEN PERFORM ueberschrift
       END-IF
       SET vorhanden TO TRUE
       PERFORM gesamt-zugriff-und-ausgabe
       READ umsatz-datei AT END SET datei-ende TO TRUE
       END-READ
    END-PERFORM
    CLOSE umsatz-datei vertreter-datei-ind artikel-datei-ind
    STOP RUN.
ueberschrift.
    IF anfang
       THEN
          SET kein-anfang TO TRUE
       ELSE
          DISPLAY "weitere Ausgabe durch Druck der Return-Taste!
          ACCEPT dummy-ein
    END-IF
    MOVE 0 TO zeilenzahl
    DISPLAY ueberschrift-zeile-1
    DISPLAY ueberschrift-zeile-2
    DISPLAY SPACES.
gesamt-zugriff-und-ausgabe.
    MOVE artikelnummer IN umsatz-satz TO
         artikelnummer IN artikel-satz
    READ artikel-datei-ind
       INVALID KEY
          DISPLAY "Artikelnummer nicht vorhanden:"
                     artikelnummer IN umsatz-satz
          SET nicht-vorhanden TO TRUE
       NOT INVALID KEY
          PERFORM zugriff-und-ausgabe
    END-READ.
zugriff-und-ausgabe.
    MOVE vertreternummer IN umsatz-satz TO
         vertreternummer IN vertreter-satz
```

```
READ vertreter-datei-ind
   INVALID KEY
      DISPLAY "Vertreternummer nicht vorhanden:"
              vertreternummer IN umsatz-satz
      SET nicht-vorhanden TO TRUE
   NOT INVALID KEY
      COMPUTE gesamtpreis = anzahl * artikelpreis
      MOVE anzahl TO anzahl-aus
      MOVE artikelpreis TO artikelpreis-aus
      DISPLAY vertretername    " "
              artikelname        "  "
              anzahl-aus    "  "
              artikelpreis-aus " "
              gesamtpreis
      COMPUTE zeilenzahl = zeilenzahl + 1
END-READ.
```

Hinweis: In der OPEN- sowie der CLOSE-Anweisung haben wir die Namen sämtlich zu bearbeitender Dateien hintereinander aufgeführt. Dies ist – ohne daß wir es gesondert hervorgehoben haben – syntaktisch zulässig. Dadurch sparen wir jeweils zwei weitere Anweisungen.

6.3.12 Zusammenstellung der möglichen Verarbeitungsformen

Durch den gezielten Zugriff lassen sich index-sequentielle Dateien als Ausgabe-, als Eingabe- und als Update-Datei verarbeiten. Wir geben nachfolgend einen zusammenfassenden Überblick:

Bearbeitung als Ausgabe-Datei (gezielter Zugriff):

Eroeffnung zur Ausgabe:	`OPEN OUTPUT dateiname`

gezieltes Schreiben:	`WRITE datensatzname`
	`   [ FROM bezeichner ]`
	`   INVALID KEY invalid-teil`
	`END-WRITE`

Abmeldung:	`CLOSE dateiname`

Bearbeitung als Eingabe-Datei (gezielter Zugriff):

```
Eroeffnung zur Eingabe:   OPEN INPUT dateiname

gezieltes Lesen:          READ dateiname [ INTO bezeichner ]
                               INVALID KEY invalid-teil
                          END-READ

Abmeldung:                CLOSE dateiname
```

Bearbeitung als Update-Datei (gezielter Zugriff):

```
Eroeffnung zum Update:    OPEN I-O dateiname

gezieltes Lesen:          READ dateiname [ INTO bezeichner ]
                               INVALID KEY invalid-teil
                          END-READ

gezieltes Schreiben:      WRITE datensatzname
                               [ FROM bezeichner ]
                               INVALID KEY invalid-teil
                          END-WRITE

gezielte Ersetzung:       REWRITE datensatzname
                               [ FROM bezeichner ]
                               INVALID KEY invalid-teil
                          END-REWRITE

gezielte Loeschung:       DELETE dateiname RECORD
                               INVALID KEY invalid-teil
                          END-DELETE

Abmeldung:                CLOSE dateiname
```

Bei einer Update-Datei lassen sich Ersetzungen und Löschungen gezielt vornehmen, so daß die zu bearbeitenden Sätze nicht mehr zuvor über eine READ-Anweisung in den Ein-/Ausgabe-Puffer übertragen werden müssen.

6.4 Dynamischer Zugriff auf den Satzbestand

6.4.1 Aufgabenstellung "Direktzugriff und Anzeige eines Satzbereichs" (AUF10)

Nachdem wir kennengelernt haben, wie sich auf den Satzbestand einer index-sequentiellen Datei gezielt zugreifen läßt, wollen wir im folgenden darstellen, wie wir den Satzbestand *dynamisch*, d.h. sowohl sequentiell als auch gezielt, bearbeiten können.

Dazu stellen wir uns die folgende Aufgabe:

<u>AUF10:</u>   "Direktzugriff und Anzeige eines Satzbereichs"

Es ist ein Programm zu erstellen, mit dem sich der Inhalt eines oder mehrerer Artikelsätze aus der index-sequentiellen Datei "artikel.ind" am Bildschirm anzeigen läßt. Sofern ein Satzbereich auszugeben ist, soll die Angabe einer kleinsten und einer größten Artikelnummer angefordert werden. Bei der Ausgabe eines Satzbereichs ist – genau wie bei der Lösung von Aufgabe AUF7 – derjenige Satz als erster (letzter) anzuzeigen, dessen Artikelnummer größer oder gleich (kleiner oder gleich) der zuerst (als zweite) eingegebenen Artikelnummer ist!

Hinweis: Genau wie im Programm "prog7" soll bei der Ausgabe eines Satzbereichs die Ausgabe eines nachfolgenden Satzes durch Drücken der Return-Taste abgerufen werden.

6.4.2 Beschreibende Programmteile von "prog10"

Zur Lösung dieser Aufgabe muß es – genau wie bei der Lösung von AUF8 – möglich sein, bei der Verarbeitung einer index-sequentiellen Datei einzelne Sätze gezielt über eine Satznummer einzulesen. Ferner muß es – genau wie bei der Lösung der Aufgabe AUF7 – innerhalb *desselben* Programms zusätzlich möglich sein, gezielt auf einen Satz zu positionieren und mit Beginn dieses Satzes alle nachfolgenden Sätze – bis zum Dateiende oder bis zu einem durch einen zweiten Satzschlüssel gekennzeichneten Satz – sequentiell in den Eingabe-Puffer übertragen zu lassen.

Um diese Anforderungen zu erfüllen, müssen wir den *dynamischen* Zugriff (DYNAMIC), der den sequentiellen Zugriff (SEQUENTIAL) und den gezielten Zugriff (RANDOM) einschließt, vereinbaren.

Innerhalb eines COBOL-Programms müssen die Kenndaten einer index-sequentiellen Datei, auf deren Sätze *dynamisch* zugegriffen werden soll, in-

nerhalb des Paragraphen FILE-CONTROL in der folgenden Form angegeben
werden:

```
SELECT interner-dateiname ASSIGN TO "externer-dateiname"
    ORGANIZATION IS INDEXED
    ACCESS MODE IS DYNAMIC
    RECORD KEY IS schluesselfeld.
```

Gegenüber den früher verwendeten Zugriffsformen muß das Schlüsselwort
DYNAMIC anstelle des Schlüsselworts *SEQUENTIAL* bzw. des Schlüsselworts *RANDOM* innerhalb der ACCESS-Klausel aufgeführt werden.

Zur Lösung der Aufgabenstellung AUF10 ordnen wir der index-sequentiellen
Datei mit dem externen Dateinamen "artikel.ind" somit den internen
Dateinamen "artikel-datei-ind" durch den folgenden Eintrag zu:

```
SELECT artikel-datei-ind ASSIGN TO "artikel.ind"
    ORGANIZATION IS INDEXED
    ACCESS MODE IS DYNAMIC
    RECORD KEY IS artikelnummer-ind.
```

Da wir erneut den gesamten Inhalt der Artikelsätze anzeigen lassen wollen,
verabreden wir wiederum den folgenden FD-Eintrag:

```
FD  artikel-datei-ind.
01  artikel-satz-ind.
    02  artikelnummer-ind PIC XX.
    02  artikelname-ind   PIC X(20).
    02  artikelpreis-ind  PIC 9(4)V99.
```

Zur Abfrage, ob ein einzelner Satz oder ein Satzbereich angezeigt werden
soll, vereinbaren wir:

```
01  satzbereich-ein PIC X VALUE "N".
    88  satzbereich-ausgeben VALUE "j" "J".
```

Sofern die durch "satzbereich-ausgeben" gekennzeichnete Bedingung zutrifft,
muß eine Artikelnummer angefragt werden, die als obere Begrenzung für die
Anzeige der unmittelbar aufeinanderfolgenden Artikelsätze einzugeben ist.
Zur Speicherung dieser Größe sehen wir das Feld "letzte-artikelnummer" vor,
das wir durch

```
01  letzte-artikelnummer PIC 99.
```

innerhalb des Arbeitsbereichs verabreden.

Damit beim sequentiellen Zugriff das Erreichen des Dateiendes festgestellt werden kann, vereinbaren wir zusätzlich:

```
01  datei-ende-feld PIC 9 VALUE 0.
    88  datei-ende VALUE 1.
    88  kein-datei-ende VALUE 0.
```

Den Bedingungsnamen "kein-datei-ende" haben wir deswegen definiert, um die durch "datei-ende" gekennzeichnete Bedingung wieder ungültig machen zu können.

Genau wie im Programm "prog7" vereinbaren wir das Feld "dummy-ein" in der Form:

```
01  dummy-ein PIC X.
```

Für dieses Feld soll dann eine Tastatureingabe angefordert werden, wenn – nach der Ausgabe eines Satzes – der Leseversuch für den nächsten Satz erfolgen soll.

Neben den oben aufgeführten Ergänzungen der WORKING-STORAGE SECTION übernehmen wir die beschreibenden Programmteile von "prog8" und erhalten somit insgesamt:

```
IDENTIFICATION DIVISION.
PROGRAM-ID.
    prog10.
ENVIRONMENT DIVISION.
CONFIGURATION SECTION.
SPECIAL-NAMES.
    DECIMAL-POINT IS COMMA.
INPUT-OUTPUT SECTION.
FILE-CONTROL.
    SELECT artikel-datei-ind ASSIGN TO "artikel.ind"
        ORGANIZATION IS INDEXED
        ACCESS MODE IS DYNAMIC
        RECORD KEY IS artikelnummer-ind.
```

```
DATA DIVISION.
FILE SECTION.
FD  artikel-datei-ind.
01  artikel-satz-ind.
    02  artikelnummer-ind PIC XX.
    02  artikelname-ind   PIC X(20).
    02  artikelpreis-ind  PIC 9(4)V99.
WORKING-STORAGE SECTION.
01  artikelpreis-aus PIC Z(3)9,99.
01  ende-ein PIC X.
    88  ende VALUE "j" "J".
01  fehler-signal-feld PIC 9 VALUE 0.
    88  artikelnummer-falsch VALUE 1.
    88  artikelnummer-ok VALUE 0.
01  satzbereich-ein PIC X VALUE "N".
    88  satzbereich-ausgeben VALUE "j" "J".
.01 letzte-artikelnummer PIC 99.
01  datei-ende-feld PIC 9 VALUE 0.
    88  datei-ende VALUE 1.
    88  kein-datei-ende VALUE 0.
01  dummy-ein PIC X.
```

6.4.3   Struktogramme zur Lösung von AUF10

Auf der Basis der vereinbarten Bezeichner beschreiben wir die einzelnen
Verarbeitungsschritte, die zur Anzeige der Artikeldaten erforderlich sind.
Dabei gliedern wir den Lösungsplan – der Übersichtlichkeit halber – in die
vier folgenden Struktogramme:

```
ablauf
```

eroeffne "artikel-datei-ind" zur Eingabe
zeige den Text "Soll ein Satzbereich angezeigt werden? (j/J):" an
fordere eine Tastatureingabe an und uebertrage den eingegebenen Wert nach "satzbereich-ein"
zeige den Text "Artikelnummer:" an
fordere eine Tastatureingabe an und uebertrage den eingegebenen Wert nach "artikelnummer-ind"

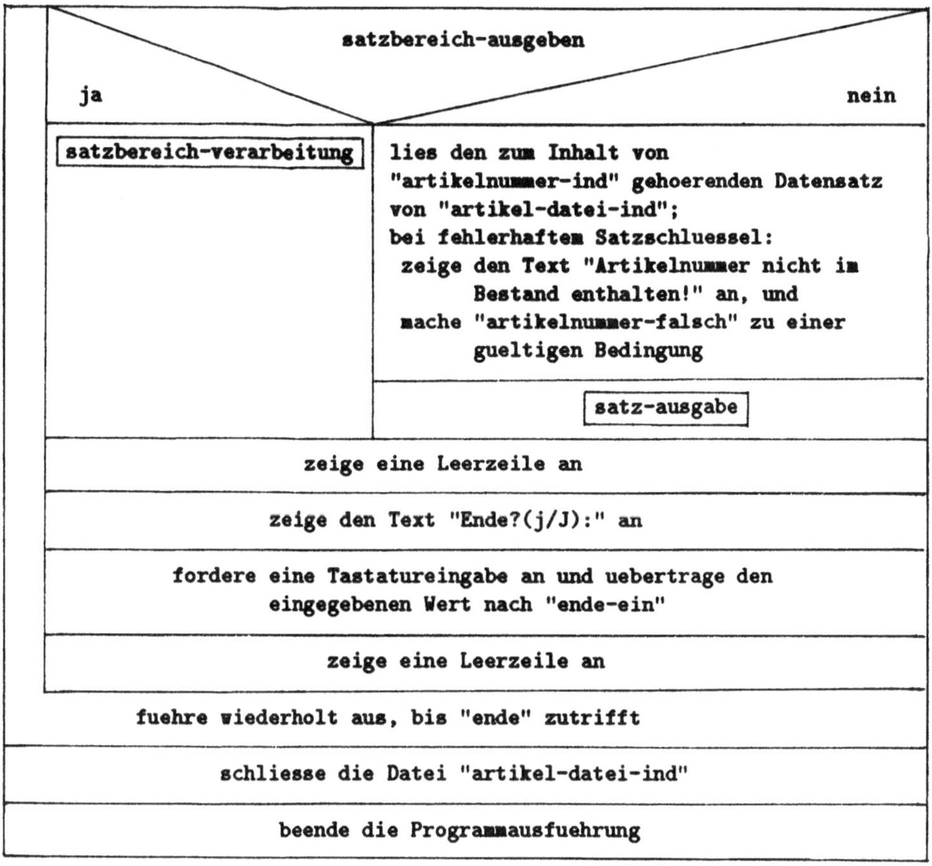

satzbereich-ausgeben
ja
nein
satzbereich-verarbeitung
lies den zum Inhalt von "artikelnummer-ind" gehoerenden Datensatz von "artikel-datei-ind";
bei fehlerhaftem Satzschluessel:
zeige den Text "Artikelnummer nicht im Bestand enthalten!" an, und
mache "artikelnummer-falsch" zu einer gueltigen Bedingung
satz-ausgabe
zeige eine Leerzeile an
zeige den Text "Ende?(j/J):" an
fordere eine Tastatureingabe an und uebertrage den eingegebenen Wert nach "ende-ein"
zeige eine Leerzeile an
fuehre wiederholt aus, bis "ende" zutrifft
schliesse die Datei "artikel-datei-ind"
beende die Programmausfuehrung

satz-ausgabe

artikelnummer-falsch
ja
nein
mache "artikelnummer-ok" zu einer gueltigen Bedingung
zeige den Text "Artikelname:" und den Inhalt von "artikelname-ind" an
uebertrage den Wert von "artikelpreis-ind" nach "artikelpreis-aus"
zeige den Text "Artikelpreis:" und den Inhalt von "artikelpreis-aus" an

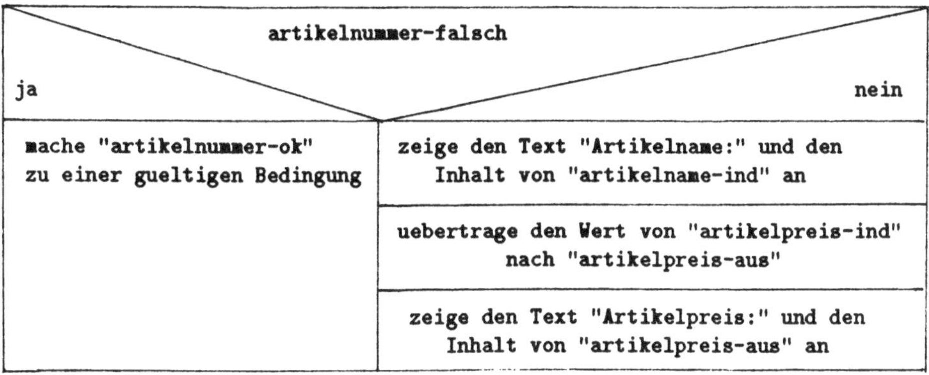

satzbereich-verarbeitung

zeige den Text "groesste Artikelnummer:" an
fordere eine Tastatureingabe an und uebertrage den eingegebenen Wert nach "letzte-artikelnummer"
mache "artikelnummer-ok" zu einer gueltigen Bedingung
mache "kein-datei-ende" zu einer gueltigen Bedingung

positioniere auf denjenigen Datensatz von "artikel-datei-ind", dessen
Satzschluessel groesser oder gleich dem Inhalt von "artikelnummer-ind" ist;
    bei fehlerhaftem Satzschluessel:
    zeige den Text "Artikelnummer nicht im Bestand enthalten!" an, und
    mache "artikelnummer-falsch" zu einer gueltigen Bedingung

artikelnummer-ok

ja / nein

lies den naechsten Datensatz von "artikel-datei-ind";
    beim Erreichen des Dateiendes:
    mache "datei-ende" zu einer gueltigen Bedingung

artikelnummer-ind
> letzte-artikelnummer

ja   nein

zeige den Text "Artikelnummer nicht
    im Bestand enthalten!" an

mache "artikelnummer-falsch"
zu einer gueltigen Bedingung

fuehre aus, bis "ende",
        "artikelnummer-falsch" oder "datei-ende" zutrifft

satzbereich-ausgabe

satzbereich-ausgabe

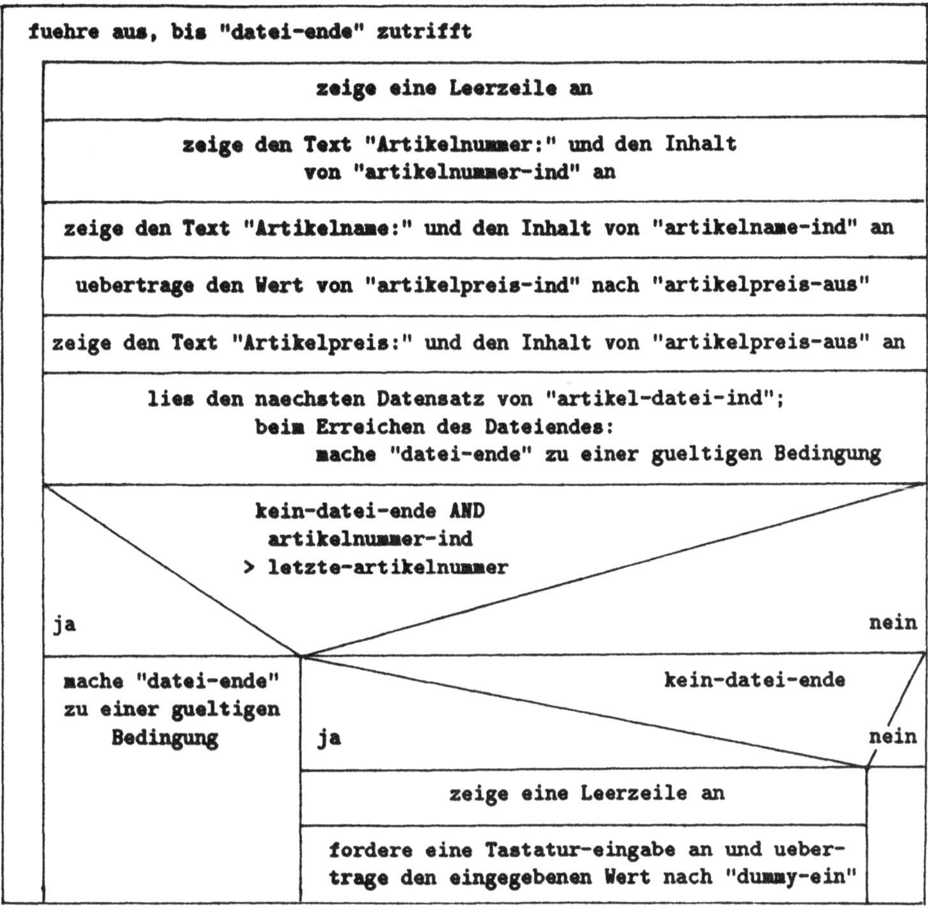

6.4.4 READ-Anweisung beim dynamischen Zugriff

Beim dynamischen Zugriff muß zwischen einem gezielten Lesezugriff über
einen bereitgestellten Satzschlüssel und einem *sequentiellen* Lesevorgang un-
terschieden werden. Deshalb muß die READ-Anweisung für das *sequentielle*
Lesen zusätzlich durch das Schlüsselwort *NEXT* gekennzeichnet und in der
folgenden Form verwendet werden:

```
READ dateiname NEXT
     AT END end-teil
END-READ
```

Dabei besitzt die AT END-Klausel die gleiche Funktion, die sie beim sequentiellen Lesen einer index-sequentiellen Eingabe-Datei während des sequentiellen Zugriffs hat.

6.4.5 PROCEDURE DIVISION von "prog10"

Insgesamt erhalten wir durch die Umformung der oben angegebenen Struktogramme die folgende PROCEDURE DIVISION mit den Prozeduren "ablauf", "satz-ausgabe", "satzbereich-verarbeitung" und "satzbereich-ausgabe":

```
PROCEDURE DIVISION.
ablauf.
    OPEN INPUT artikel-datei-ind
    PERFORM WITH TEST AFTER UNTIL ende
        DISPLAY
            "Soll ein Satzbereich angezeigt werden? (j/J):"
            WITH NO ADVANCING
        ACCEPT satzbereich-ein
        DISPLAY "Artikelnummer:" WITH NO ADVANCING
        ACCEPT artikelnummer-ind
        IF satzbereich-ausgeben
            THEN
                PERFORM satzbereich-verarbeitung
            ELSE
                READ artikel-datei-ind
                    INVALID KEY
                        DISPLAY
                        "Artikelnummer nicht im Bestand enthalten!"
                        SET artikelnummer-falsch TO TRUE
                END-READ
                PERFORM satz-ausgabe
        END-IF
        DISPLAY SPACES
        DISPLAY "Ende?(j/J):" WITH NO ADVANCING
        ACCEPT ende-ein
        DISPLAY SPACES
    END-PERFORM
    CLOSE artikel-datei-ind
```

```
        STOP RUN.
satz-ausgabe.
    IF artikelnummer-falsch
        THEN SET artikelnummer-ok TO TRUE
        ELSE
            DISPLAY "Artikelname:" artikelname-ind
            MOVE artikelpreis-ind TO artikelpreis-aus
            DISPLAY "Artikelpreis:" artikelpreis-aus
    END-IF.
satzbereich-verarbeitung.
    DISPLAY "groesste Artikelnummer:" WITH NO ADVANCING
    ACCEPT letzte-artikelnummer
    SET artikelnummer-ok TO TRUE
    SET kein-datei-ende TO TRUE
    START artikel-datei-ind
      KEY IS >= artikelnummer-ind
      INVALID KEY
        DISPLAY "Artikelnummer nicht im Bestand enthalten!"
        SET artikelnummer-falsch TO TRUE
    END-START
    IF artikelnummer-ok
        THEN
            READ artikel-datei-ind NEXT
                AT END SET datei-ende TO TRUE
            END-READ
            IF artikelnummer-ind > letzte-artikelnummer
                THEN DISPLAY
                    "Artikelnummer nicht im Bestand enthalten!"
                    SET artikelnummer-falsch TO TRUE
            END-IF
            PERFORM satzbereich-ausgabe WITH TEST BEFORE
                UNTIL ende OR artikelnummer-falsch OR datei-ende
    END-IF.
satzbereich-ausgabe.
    PERFORM WITH TEST BEFORE UNTIL datei-ende
        DISPLAY SPACES
        DISPLAY "Artikelnummer:" artikelnummer-ind
        DISPLAY "Artikelname:" artikelname-ind
```

```
        MOVE artikelpreis-ind TO artikelpreis-aus
        DISPLAY "Artikelpreis:" artikelpreis-aus
        READ artikel-datei-ind NEXT
            AT END SET datei-ende TO TRUE
        END-READ
        IF kein-datei-ende AND
              artikelnummer-ind > letzte-artikelnummer
           THEN SET datei-ende TO TRUE
           ELSE IF kein-datei-ende
                   THEN DISPLAY SPACES
                        ACCEPT dummy-ein
                END-IF
        END-IF
    END-PERFORM.
```

6.4.6 Zusammenstellung der möglichen Verarbeitungsformen

Im dynamischen Zugriff können Sätze sowohl sequentiell als auch im Direktzugriff bearbeitet werden. Wir fassen die möglichen Verarbeitungsformen in
der folgenden Übersicht zusammen:

<u>Bearbeitung als Ausgabe-Datei (dynamischer Zugriff):</u>

Eroeffnung zur Ausgabe:	`OPEN OUTPUT dateiname`

gezieltes Schreiben:	`WRITE datensatzname`
	`    [ FROM bezeichner ]`
	`    INVALID KEY invalid-teil`
	`END-WRITE`

Abmeldung:	`CLOSE dateiname`

Bearbeitung als Eingabe-Datei (dynamischer Zugriff):

Eroeffnung zur Eingabe:	`OPEN INPUT dateiname`

Positionierung:	`START dateiname`
	`    KEY IS { = | > | >= } bezeichner`
	`         INVALID KEY invalid-teil`
	`END-START`

sequentielles Lesen:	`READ dateiname NEXT`
	`        [ INTO bezeichner ]`
	`     AT END end-teil`
	`END-READ`

gezieltes Lesen:	`READ dateiname [ INTO bezeichner ]`
	`        INVALID KEY invalid-teil`
	`END-READ`

Abmeldung:	`CLOSE dateiname`

Bearbeitung als Update-Datei (dynamischer Zugriff):

Eroeffnung zum Update:	`OPEN I-O dateiname`

Positionierung:	`START dateiname`
	`    KEY IS { = | > | >= } bezeichner`
	`          INVALID KEY invalid-teil`
	`END-START`

sequentielles Lesen:	`READ dateiname NEXT`
	`        [ INTO bezeichner ]`
	`     AT END end-teil`
	`END-READ`

gezieltes Lesen:	`READ dateiname [ INTO bezeichner ]`
	`        INVALID KEY invalid-teil`
	`END-READ`

gezieltes Schreiben:	```WRITE datensatzname```
	 ``` [FROM bezeichner]```
	 ``` INVALID KEY invalid-teil```
	 ```END-WRITE```

gezielte Ersetzung:	```REWRITE datensatzname```
	 ``` [FROM bezeichner]```
	 ``` INVALID KEY invalid-teil```
	 ```END-REWRITE```

gezielte Loeschung:	```DELETE dateiname RECORD```
	 ``` INVALID KEY invalid-teil```
	 ```END-DELETE```

Abmeldung:	```CLOSE dateiname```

Um einen gezielten von einem sequentiellen Lesezugriff unterscheiden zu
können muß die READ-Anweisung beim sequentiellen Lesen das Schlüsselwort NEXT in der oben angegeben Form enthalten.

6.5 Zugriff über Alternativschlüssel

6.5.1 Vereinbarung von Alternativschlüsseln

Grundsätzlich muß der Aufbau einer index-sequentiellen Datei über einen
eindeutigen Satzschlüssel (Primärschlüssel) erfolgen, der durch das für die
Datei (im FILE-CONTROL-Eintrag) angegebene Schlüsselfeld festgelegt ist.
Es besteht die Möglichkeit, neben diesem Primärschlüssel einen oder mehrere
weitere Satzschlüssel als *Alternativschlüssel* (Sekundärschlüssel) für den Zugriff auf den Satzbestand zu vereinbaren.

Alternativschlüssel werden innerhalb von *ALTERNATE RECORD KEY-*
Klauseln, die im Anschluß an die RECORD KEY-Klausel anzufügen sind,
in der folgenden Form festgelegt:

```
ALTERNATE RECORD KEY IS bezeichner [ WITH DUPLICATES ]
```

Das Feld *bezeichner* wird zum Schlüsselfeld für den Zugriff über einen Alternativschlüssel bestimmt und muß innerhalb der zugehörigen Datensatz-Bescheibung als Datengruppe oder als alphanumerisches Feld vereinbart sein.

Hinweis: Die Datenfelder, die als Schlüsselfelder für den Primär- und die Alternativschlüssel dienen, dürfen sich innerhalb der Datensatz-Beschreibung überlappen. Jedoch muß sichergestellt sein, daß *keine* zwei Schlüsselfelder an *derselben* Zeichenposition im Datensatz beginnen.

Durch die Angabe der Schlüsselwörter *WITH DUPLICATES* wird festgelegt, daß der Alternativschlüssel *kein* eindeutiger Satzschlüssel sein muß.

Wollen wir z.B. den Zugriff auf die Artikelstammdaten, die in der index-sequentiellen Datei "artikalt.ind" gespeichert werden sollen, sowohl über die Artikelnummer als auch über den Artikelnamen zulassen, so können wir z.B. durch die Angaben

```
RECORD KEY IS artikelnummer-ind-alt
ALTERNATE RECORD KEY IS artikelname-ind-alt WITH DUPLICATES
```

die Artikelnummer als Primärschlüssel und den Artikelnamen als Alternativschlüssel vereinbaren.

6.5.2 Aufbau einer index-sequentiellen Datei mit Alternativschlüssel

Soll die index-sequentielle Datei "artikalt.ind" eingerichtet werden, so daß anschließend mit der Artikelnummer als Primärschlüssel und dem Artikelnamen als Alternativschlüssel auf den Satzbestand zugegriffen werden kann, so ist im Paragraphen FILE-CONTROL der folgende Eintrag anzugeben:

```
SELECT artikel-datei-ind-alt ASSIGN TO "artikalt.ind"
       ORGANIZATION IS INDEXED
       ACCESS MODE IS SEQUENTIAL
       RECORD KEY IS artikelnummer-ind-alt
       ALTERNATE RECORD KEY IS artikelname-ind-alt
                    WITH DUPLICATES.
```

Dadurch kann die index-sequentielle Datei "artikel-datei-ind-alt" als Ausgabe-Datei im sequentiellen Zugriff bearbeitet werden, so daß sich die Sätze durch die WRITE-Anweisung in den Bestand eintragen lassen. Dabei ist zu gewährleisten, daß die Sätze nach aufsteigenden Primärschlüsseln geordnet sind.

6.5.3   Gezielter Zugriff über einen Alternativschlüssel

Um *gezielt* über Alternativschlüssel zugreifen zu können, muß der Direktzugriff oder der dynamische Zugriff eingestellt sein und die index-sequentielle Datei als Eingabe-Datei eröffnet werden. Anschließend läßt sich der Zugriff durch die folgende Form der READ-Anweisung mit der *KEY-Klausel* durchführen:

```
READ dateiname [ INTO bezeichner-1 ]
    KEY IS bezeichner-2
    INVALID KEY invalid-teil
END-READ
```

Das in der KEY-Klausel aufgeführte Feld *bezeichner-2* muß ein Schlüsselfeld mit einem Alternativschlüssel adressieren, in das der Schlüssel, über den der Zugriff erfolgen soll, vor dem Zugriff einzutragen ist.

Hinweis: Enthält die KEY-Klausel das Schlüsselfeld mit dem Primärschlüssel, so wirkt die READ-Anweisung mit der KEY-Klausel genauso wie eine READ-Anweisung ohne KEY-Klausel beim Direktzugriff.

Ist im Satzbestand *kein* Satz mit dem bereitgestellten Alternativschlüssel vorhanden, so werden die im *Invalid-Teil* angegebenen Anweisungen ausgeführt.

Enthält die index-sequentielle Datei für den angegebenen Satzschlüssel mehr als einen Datensatz, so wird derjenige Satz im Eingabe-Puffer bereitgestellt, der als *erster* Satz mit diesem Alternativschlüssel beim Aufbau der Datei (durch eine WRITE-Anweisung) in die Datei übertragen wurde.

Soll in dem Fall, in dem mehrere Sätze zu einem vorgegebenen Alternativschlüssel vorhanden sind, nicht nur der erste Satz zur Verarbeitung eingelesen werden, so muß der dynamische Zugriff eingestellt sein. Zusätzlich muß der FILE-CONTROL-Eintrag eine *FILE STATUS-Klausel* der Form

```
FILE STATUS IS status-feld
```

enthalten, wobei *status-feld* als alphanumerisches Feld der Länge 2 innerhalb der WORKING-STORAGE SECTION vereinbart sein sollte. Nach einem Zugriff über einen Alternativschlüssel enthält *status-feld* dann den Wert "02", sofern mindestens noch ein weiterer Satz mit gleichem Satzschlüssel im Bestand enthalten ist. In diesem Fall läßt sich durch ein sequentielles Lesen über die READ-Anweisung mit dem Schlüsselwort NEXT auf den nächsten Satz und alle weiteren Sätze mit gleichem Alternativschlüssel zugreifen.

In unserem Fall geben wir im Paragraphen FILE-CONTROL den Eintrag

```
SELECT artikel-datei-ind-alt ASSIGN TO "artikalt.ind"
       ORGANIZATION IS INDEXED
       ACCESS MODE IS DYNAMIC
       RECORD KEY IS artikelnummer-ind-alt
       ALTERNATE RECORD KEY IS artikelname-ind-alt
                            WITH DUPLICATES
       FILE STATUS IS weitere-saetze-feld.
```

und in der WORKING-STORAGE SECTION die Vereinbarung

```
01  weitere-saetze-feld PIC XX.
```

an. Nach einem Zugriff der Form

```
READ artikel-datei-ind-alt KEY IS artikelname-ind-alt
    INVALID KEY
            DISPLAY "Fehler (kein Satz im Bestand enthalten!)"
            MOVE 1 TO fehler-feld
END-READ
```

läßt sich der Inhalt von "weitere-saetze-feld" überprüfen. Enthält dieses Feld
den Wert "02", so kann durch die Ausführung der Anweisung

```
READ artikel-datei-ind-alt NEXT
    AT END SET datei-ende TO TRUE
END-READ
```

der nächste Satz mit gleichem Artikelnamen im Eingabe-Puffer von "artikel-
datei-ind-alt" zur weiteren Verarbeitung bereitgestellt werden. Durch
erneute Ausführung dieser READ-Anweisung lassen sich sämtliche Sätze
mit gleichem Artikelnamen einlesen. Ist der letzte Satz übertragen worden, so werden die Anweisungen der AT END-Klausel ausgeführt, so daß der
Wert 1 in das Indikatorfeld "datei-ende-feld" eingetragen wird. Anschließend
läßt sich durch eine geeignete Abfrage feststellen, ob bereits sämtliche Sätze
zu einem vorgegebenen Alternativschlüssel aus dem Satzbestand eingelesen
wurden.

6.6 Aufgaben

Aufgabe 6:

Die Vertreternummer ist zusammen mit der Auftragsnummer ein eindeutiger Satzschlüssel für die Umsatzdaten. Es ist ein Programm ("loes6") zu erstellen, mit dem sich die index-sequentielle Datei "umsatz.ind" aus dem Satzbestand von "umsatz.txt" (siehe Aufgabe 1.2) aufbauen läßt.

Aufgabe 7:

Es ist ein Programm ("loes7") zu entwickeln, mit dem gezielt auf die Sätze von "umsatz.ind" zugegriffen und der jeweilige Satzinhalt am Bildschirm angezeigt werden kann!

Aufgabe 8:

Es ist ein Programm ("loes8") zu entwickeln, mit dem eine menü-gesteuerte Bearbeitung der index-sequentiellen Datei "umsatz.ind" erfolgen kann. Die jeweils gewünschte Verarbeitungsform ist durch eine Anforderung festzulegen, die auf die folgende Anfrage eingegeben werden muß:

```
Gib Anforderung:< >
 - (1) Erfassung (zur Einrichtung der Datei)
 - (2) Anzeigen (gezielt)
 - (3) Korrigieren
 - (4) Neueintrag
 - (5) Loeschen
 - (6) Ausgabe (Alles)
 - (7) Programmende
```

Aufgabe 9:

Es ist ein Programm ("loes9") zu erstellen, mit dem die index-sequentielle Datei "umsatz.alt" aus den Sätzen von "umsatz.txt" mit den Umsatzdaten aufgebaut wird. Dabei soll neben dem Zugriff über den Primärschlüssel, der aus der Vertreternummer und der Auftragsnummer gebildet wird, zusätzlich sowohl der Zugriff über die Vertreternummer als auch über die Artikelnummer möglich sein!

Kapitel 7

Vereinbarung und Verarbeitung von Tabellen

7.1 Definition und Zugriff auf Tabellen

7.1.1 OCCURS-Klausel

Als Lösung der Aufgabe AUF9 haben wir das Programm "prog9" angegeben, mit dem der Satzbestand der sequentiellen Datei "umsatz.txt" und der index-sequentiellen Dateien "artikel.ind" und "vrtrtr.ind" bearbeitet wurde. Ist der Satzbestand der Vertreter- und Artikelstammdaten gering und sind sehr viele Umsatzdaten zu verarbeiten, so läßt sich die Laufzeit des Programms dadurch verringern, daß die Stammdaten in geeigneter Form im Hauptspeicher eingetragen und bearbeitet werden.

Um z.B. die Artikelstammdaten im Hauptspeicher speichern zu können, ist ein Datenfeld einzurichten, das sämtliche Satzinhalte der Artikel-Datei "artikel.txt" (bzw. "artikel.ind") aufnehmen kann. Damit anschließend ein gezielter Zugriff auf diese Daten möglich ist, muß dieses Datenfeld so in einzelne Komponenten gegliedert sein, daß jede Komponente den Inhalt eines Satzes enthält und über einen Namen adressierbar ist.

Ein Datenfeld, das aus gleichartig strukturierten Datenfeldern zusammengesetzt ist, besitzt die Struktur einer *Tabelle* und wird *Tabellenbereich* genannt. Die einzelnen Komponenten der Tabelle heißen *Tabellenelemente*. Die Anzahl der Tabellenelemente wird durch eine *OCCURS-Klausel* der Form

```
OCCURS ganzzahl TIMES
```

durch den ganzzahligen Wert *ganzzahl* festgelegt. Diese Klausel muß im Anschluß an den *Tabellennamen* aufgeführt sein, über den die einzelnen Tabellenelemente adressiert werden sollen. Die Eintragung mit der OCCURS-Klausel muß der Vereinbarung des Tabellenbereichs, der mit der Stufennummer "01" festzulegen ist, unmittelbar untergeordnet sein.

In unserem Fall vereinbaren wir den Tabellenbereich durch den Bezeichner "artikel-tab-bereich" und vergeben den Tabellennamen "artikel-tab" für den Zugriff auf die Tabellenelemente:

```
01  artikel-tab-bereich.
    02  artikel-tab OCCURS 100 TIMES.
    03  artikelnummer-tab PIC 99.
    03  artikelname-tab   PIC X(20).
    03  artikelpreis-tab  PIC 9(4)V99.
```

Hinweis: Wir unterstellen, daß maximal 100 Artikeldatensätze in der Datei "artikel.txt" gespeichert sind.

Durch diese Definition ist der Tabellenbereich "artikel-tab-bereich" wie folgt strukturiert:

```
artikel-tab(1):   ┌─────────────────┐
                  ├─────────────────┤
artikel-tab(2):   │                 │
                  ├─────────────────┤
        .         │        .        │
        .         │        .        │
        .         │        .        │
artikel-tab(100): │                 │
                  └─────────────────┘
```

Der Tabellenbereich besteht aus 100 Tabellenelementen. Jedes Element läßt sich in der Form

```
tabellenname( indexwert )
```

durch einen ganzzahligen *Indexwert* adressieren, der die Position des Tabellenelements innerhalb des Tabellenbereichs festlegt.

Somit kann z.B. das 2. Tabellenelement, d.h. die gesamte 2. Tabellenzeile, durch den Namen "artikel-tab(2)" adressiert und der Inhalt dieses Tabellenelements z.B. durch die Anweisung

```
DISPLAY artikel-tab(2)
```

angezeigt werden.

Da jedes einzelne Tabellenelement der Tabelle "artikel-tab" strukturiert ist, können die jeweils untergeordneten Datenfelder dadurch angesprochen werden, daß der Indexwert des zugehörigen Tabellenelements auf die ihm untergeordneten Datenfelder durchgereicht wird.

So können wir z.B. durch den Namen "artikelname-tab(2)" auf den Artikelnamen zugreifen, der innerhalb des 2. Tabellenelements (d.h. in der 2. Tabellenzeile) gespeichert ist, so daß der Inhalt dieses Feldes etwa durch die Anweisung

```
DISPLAY artikelname-tab(2)
```

angezeigt werden kann.

7.1.2 INDEXED-Klausel

Um während der Laufzeit einen flexiblen Zugriff auf die Tabellenelemente gewährleisten zu können, muß die Möglichkeit bestehen, Indexwerte nicht nur als numerische Literale, sondern auch als Werte von speziellen Datenfeldern für die Adressierung von Tabellenelementen verwenden zu können. Dazu lassen sich *Indexnamen* als besondere Bezeichner durch eine *INDEXED-Klausel* in der Form

```
INDEXED BY indexname-1 [ indexname-2 ]...
```

im Anschluß an die OCCURS-Klausel vereinbaren.

Hinweis: Für jeden Indexnamen wird ein Speicherbereich reserviert. Dieser Bereich wird *automatisch* eingerichtet und darf nicht explizit – durch eine gesonderte Datenfeldvereinbarung – in der DATA DIVISION definiert werden.

Um z.B. für die Tabelle "artikel-tab" den Indexnamen "artikel-pos" festzulegen, müssen wir somit den Tabellenbereich "artikel-tab-bereich" wie folgt vereinbaren:

```
01  artikel-tab-bereich.
    02  artikel-tab OCCURS 100 TIMES
                INDEXED BY artikel-pos.
        03  artikelnummer-tab PIC 99.
        03  artikelname-tab   PIC X(20).
        03  artikelpreis-tab  PIC 9(4)V99.
```

7.1.3 SET-Anweisung

Um den für einen Tabellenzugriff benötigten Indexwert in einen Indexnamen übertragen zu können, steht die *SET*-Anweisung in der folgenden Form zur Verfügung:

```
SET indexname TO ganzzahl
```

Hinweis: Indexnamen dürfen nur bei der Adressierung von Tabellenelementen und innerhalb spezieller COBOL-Anweisungen wie z.B. einer SET-Anweisung aufgeführt werden. Sie dürfen z.B. *nicht* Bestandteil einer MOVE-Anweisung sein.

So läßt sich etwa durch die Anweisungen

```
SET artikel-pos TO 2
DISPLAY artikelname-tab(artikel-pos)
```

derjenige Artikelname ausgeben, der innerhalb des 2. Tabellenelements der Tabelle "artikel-tab" gespeichert ist.

Um jeweils aktuelle Indexwerte in anderen Indexnamen oder aber in ganzzahlig numerischen Datenfeldern zwischenspeichern zu können, darf die *SET*-Anweisung auch in der folgenden Form eingesetzt werden:

```
SET { indexname-1 | bezeichner-1 }
               TO { indexname-2 | bezeichner-2 }
```

Somit bewirkt z.B. die Ausführung der Anweisungen

```
SET artikel-pos TO 2
SET artikel-zahl TO artikel-pos
```

eine Übertragung des Indexwerts 2 in das durch

```
01  artikel-zahl PIC 9(3).
```

vereinbarte Datenfeld "artikel-zahl".

Um Indexwerte zu erhöhen bzw. zu verringern, braucht nicht der Umweg über ganzzahlige numerische Datenfelder gewählt zu werden. In diesem Fall läßt sich die *SET*-Anweisung in der folgenden Form einsetzen:

```
SET indexname { DOWN | UP } BY { ganzzahl | bezeichner }
```

Bei der Ausführung wird der in *indexname* gespeicherte Indexwert um *ganzzahl* bzw. den Inhalt von *bezeichner* erhöht (bei *UP*) oder verringert (bei *DOWN*).

Soll die Veränderung eines Indexwerts allein für einen Zugriff vorgenommen und nicht gespeichert werden, so läßt sich der Zugriff auf ein Tabellenelement in der Form

```
tabellenname( indexname { + | - } ganzzahl )
```

durchführen. In diesem Fall wird der in *indexname* gespeicherte Indexwert für den Zugriff um den Wert *ganzzahl* erhöht (bei "+") bzw. vermindert (bei "–").

So können wir z.B. den Artikelnamen, der innerhalb des 2. Tabellenelementes der Tabelle "artikel-tab" gespeichert ist, durch die Anweisungen

```
SET artikel-pos TO 1
DISPLAY artikelname-tab(artikel-pos + 1)
```

ausgeben lassen.

7.1.4 OCCURS DEPENDING ON-Klausel

Um eine flexible Tabellenverarbeitung zu ermöglichen, erlaubt COBOL die Vereinbarung von Tabellen mit einer *variablen* Anzahl von Tabellenelementen. Dazu ist bei der Tabellendefinition hinter dem Tabellennamen eine *OCCURS DEPENDING ON-Klausel* in der folgenden Form anzugeben:

```
OCCURS ganzzahl-1 TO ganzzahl-2 DEPENDING ON bezeichner
```

Der Wert *ganzzahl-1* muß kleiner als *ganzzahl-2* sein, und *bezeichner* muß ein numerisch ganzzahliges Feld adressieren. Es wird eine Tabelle mit *ganzzahl-2* Tabellenelementen eingerichtet (die Angabe *ganzzahl-1* wird als Kommentar aufgefaßt). Der jeweils aktuelle Wert des Feldes *bezeichner* hat keinen Einfluß auf die physikalische Länge des Tabellenbereichs, sondern er legt die jeweilige *logische Tabellenlänge* fest. Diese logische Länge ist dann von Bedeutung, wenn der Inhalt des Tabellenbereichs daraufhin untersucht werden soll, ob ein vorgegebener Wert Bestandteil dieses Bereichs ist.

Hinweis: Wie sich dieses Tabellendurchsuchen mit der SEARCH-Anweisung, bei welcher der Inhalt von *bezeichner* automatisch ausgewertet wird, durchführen läßt, lernen wir weiter unten kennen.

7.2　Lineares Durchsuchen von Tabellen

7.2.1　Aufgabenstellung "Umsatzbericht (lineare Suche)" (AUF11)

Um die Verarbeitung von Tabelleninhalten zu üben, stellen wir uns die folgende Aufgabe:

<u>AUF11:</u>　　　　　"Umsatzbericht (lineare Suche)"

Ausgehend von den Satzbeständen der sequentiellen Dateien "umsatz.txt", "artikel.txt" und "vrtrtr.txt" ist ein Umsatzbericht am Bildschirm auszugeben, in dem Angaben zu den Vertreternamen, Artikelnamen, Stückzahlen, Stückpreisen und Gesamtpreisen enthalten sind. Dabei sollen maximal 5 Postenzeilen pro Bildschirmseite angezeigt werden! Die Aufgabe soll durch den Einsatz der Tabellenverarbeitung gelöst werden, wobei die Tabellen linear (d.h. elementweise von Beginn an) zu durchsuchen sind!

Hinweis:　Für das folgende setzen wir voraus, daß der Satzbestand von "vrtrtr.txt" und "artikel.txt" jeweils höchstens 100 Sätze umfaßt.

7.2.2　Vereinbarung der Tabellen zur Lösung von AUF11

Zur Lösung unserer Aufgabenstellung AUF11 vereinbaren wir zunächst unter Einsatz der OCCURS DEPENDING ON-Klausel die Tabellenbereiche "artikel-tab-bereich" und "vertreter-tab-bereich" in der folgenden Form:

```
01  artikel-tab-bereich.
    02  artikel-tab OCCURS 1 TO 100 TIMES
                    DEPENDING ON artikel-zahl
                    INDEXED BY artikel-pos.
        03  artikelnummer-tab PIC 99.
        03  artikelname-tab   PIC X(20).
        03  artikelpreis-tab  PIC 9(4)V99.
01  vertreter-tab-bereich.
    02  vertreter-tab OCCURS 1 TO 100 TIMES
                    DEPENDING ON vertreter-zahl
                    INDEXED BY vertreter-pos.
        03  vertreternummer-tab PIC 9(4).
        03  vertretername-tab   PIC X(30).
        03  FILLER              PIC X(3).
```

Ergänzend hierzu legen wir durch die Angaben

```
01   vertreter-zahl PIC 9(3).
01   artikel-zahl PIC 9(3).
```

die beiden Datenfelder "vertreter-zahl" und "artikel-zahl" zur Speicherung der jeweiligen logischen Tabellenlänge fest.

7.2.3   Laden von Tabellen

Um die Tabellen "artikel-tab" und "vertreter-tab" mit den Satzinhalten aus den sequentiellen Dateien "artikel.txt" und "vrtrtr.txt" zu füllen, ist der Bestand dieser Dateien satzweise in die zugehörigen Tabellenelemente zu übertragen.

Hinweis: Anstelle der sequentiellen Dateien könnten wir auch den Satzbestand der index-sequentiellen Dateien "artikel.ind" bzw. "vrtrtr.ind" übernehmen.

Das Laden der beiden Tabellen läßt sich durch das folgende Struktogramm beschreiben:

```
tab-laden
```

<table>
<tr><td colspan="2">eroeffne "vertreter-datei" und "artikel-datei" zur Eingabe</td></tr>
<tr><td colspan="2">fuehre aus, bis "datei-ende" zutrifft, wobei der Indexname "vertreter-pos" - ausgehend vom Startwert 1 - bei jedem Durchlauf schrittweise um den Wert 1 zu erhoehen ist</td></tr>
<tr><td></td><td>lies den naechsten Datensatz von "vertreter-datei" und uebertrage ihn nach "vertreter-tab(vertreter-pos)";
beim Erreichen des Dateiendes:
mache "datei-ende" zu einer gueltigen Bedingung</td></tr>
<tr><td colspan="2">vermindere den Wert des Indexnamens "vertreter-pos" um 2</td></tr>
<tr><td colspan="2">uebertrage den Wert des Indexnamens "vertreter-pos" nach "vertreter-zahl"</td></tr>
<tr><td colspan="2">mache "kein-datei-ende" zu einer gueltigen Bedingung</td></tr>
</table>

```
fuehre aus, bis "datei-ende" zutrifft, wobei der Indexname
       "artikel-pos" - ausgehend vom Startwert 1 - bei jedem
       Durchlauf schrittweise um den Wert 1 zu erhoehen ist

   lies den naechsten Datensatz von "artikel-datei" und
          uebertrage ihn nach "artikel-tab(artikel-pos)";
       beim Erreichen des Dateiendes:
          mache "datei-ende" zu einer gueltigen Bedingung

   vermindere den Wert des Indexnamens "artikel-pos" um 2

   uebertrage den Wert des Indexnamens "artikel-pos" nach "artikel-zahl"

   schliesse die Dateien "vertreter-datei" und "artikel-datei"
```

In diesem Struktogramm haben wir in den beiden Schleifenblöcken die
Abbruch-Bedingung durch zusätzliche Vorschriften ergänzt.

Für den ersten Schleifenblock haben wir die folgende Ausführung angefordert:

```
fuehre aus, bis "datei-ende" zutrifft, wobei der Indexname
       "vertreter-pos" - ausgehend vom Startwert 1 - bei jedem
       Durchlauf schrittweise um den Wert 1 zu erhoehen ist
```

Durch die Ausführung dieses Blocks soll der Indexname "vertreter-pos" –
vor dem ersten Durchlauf – *automatisch* auf den *Anfangswert* 1 gesetzt werden, so daß "vertreter-tab(vertreter-pos)" auf das erste Element der Tabelle
"vertreter-tab" weist. Nach dem ersten Schleifendurchlauf soll der Indexwert von "vertreter-pos" *automatisch* um den *Schrittweiten-Wert* 1 erhöht
werden, so daß "vertreter-tab(vertreter-pos)" das zweite Tabellenelement
adressiert. Diese Erhöhung um den Schrittweiten-Wert 1 soll anschließend
jeweils am Ende des Schleifenblocks – vor jedem neuerlichen Durchlauf –
automatisch vorgenommen werden.

Hinweis: Beim Erreichen des Dateiendes enthält somit "vertreter-pos" einen Indexwert,
der – um den Wert 2 vermindert – auf das letzte Tabellenelement von "vertreter-tab"
weist.

7.2.4 PERFORM-Anweisung mit der VARYING-Klausel

Der oben angegebene Schleifenblock läßt sich durch den Einsatz einer um
die *VARYING-Klausel* erweiterten *PERFORM*-Anweisung in der folgenden
Form umsetzen:

```
PERFORM WITH TEST BEFORE
        VARYING indexname FROM { ganzzahl-1 | bezeichner-1 }
                            BY { ganzzahl-2 | bezeichner-2 }
        UNTIL perform-bedingung

     |  perform-block

END-PERFORM
```

Bei der Ausführung dieser PERFORM-Anweisung werden alle innerhalb des
Perform-Blocks zusammengefaßten Anweisungen wiederholt durchlaufen.
Die Wiederholung endet dann, wenn die *Perform-Bedingung*, die jeweils zu
Beginn der Schleife überprüft wird, zutrifft.

Soll diese Prüfung am *Schleifenende* durchgeführt werden, so sind anstelle
von *WITH TEST BEFORE* die Schlüsselwörter *WITH TEST AFTER*
anzugeben.

Der innerhalb der *VARYING-Klausel* angegebene Indexname wird – ausgehend von einem *Anfangswert* – schrittweise um einen *Schrittweiten-Wert*
erhöht. Dieser Wert ist gleich dem Wert *ganzzahl-2* bzw. gleich dem Wert,
der innerhalb des numerisch ganzzahligen Datenfeldes *bezeichner-2* gespeichert ist. Diese Erhöhung findet jeweils am Schleifenende statt. Der Anfangswert muß als ganze Zahl *ganzzahl-1* bzw. als Wert des numerisch ganzzahlig vereinbarten Feldes *bezeichner-1* zur Verfügung stehen.

Es besteht die Möglichkeit, die oben angegebene PERFORM-Anweisung wie
folgt zu ändern:

```
PERFORM prozedurname WITH TEST { BEFORE | AFTER }
        VARYING indexname FROM { ganzzahl-1 | bezeichner-1 }
                            BY { ganzzahl-2 | bezeichner-2 }
        UNTIL perform-bedingung
```

In diesem Fall wird – analog zur oben angegebenen Beschreibung – die durch
den Prozedurnamen *prozedurname* gekennzeichnete Prozedur ausgeführt.

Z.B. wird durch die Anweisung

```
PERFORM verarbeitung WITH TEST BEFORE
        VARYING vertreter-pos FROM 1 BY 1
        UNTIL vertreter-pos > 5 OR datei-ende
```

gefordert, daß die Prozedur "verarbeitung" wie folgt zu durchlaufen ist:

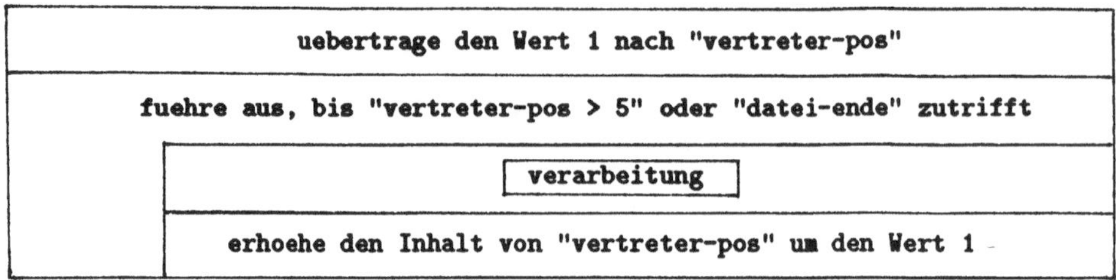

Durch den Einsatz der PERFORM-Anweisung mit der VARYING-Klausel und durch die SET-Anweisung läßt sich das oben angegebene Struktogramm "tab-laden" wie folgt umformen:

```
tab-laden.
    OPEN INPUT vertreter-datei artikel-datei
    PERFORM WITH TEST BEFORE
        VARYING vertreter-pos FROM 1 BY 1 UNTIL datei-ende
            READ vertreter-datei INTO vertreter-tab(vertreter-pos)
                AT END SET datei-ende TO TRUE
            END-READ
    END-PERFORM
    SET vertreter-pos DOWN BY 2
    SET vertreter-zahl TO vertreter-pos
    SET kein-datei-ende TO TRUE
    PERFORM WITH TEST BEFORE
        VARYING artikel-pos FROM 1 BY 1 UNTIL datei-ende
            READ artikel-datei INTO artikel-tab(artikel-pos)
                AT END SET datei-ende TO TRUE
            END-READ
    END-PERFORM
    SET artikel-pos DOWN BY 2
    SET artikel-zahl TO artikel-pos
    CLOSE vertreter-datei artikel-datei.
```

Sofern wir diese Prozedur durch die PERFORM-Anweisung

```
PERFORM tab-laden
```

zur Ausführung bringen, stehen die in den Dateien "vrtrtr.txt" und
"artikel.txt" gespeicherten Stammdaten anschließend in den Tabellen
"vertreter-tab" bzw. "artikel-tab" zur Verfügung.

7.2.5 Beschreibende Programmteile von "prog11"

Im Hinblick auf die Ähnlichkeit der aktuellen Aufgabenstellung mit der Aufgabenstellung "AUF9", können wir aus dem oben entwickelten Lösungspro-
gramm "prog9" die beschreibenden Programmteile wie folgt übernehmen:

```
IDENTIFICATION DIVISION.
PROGRAM-ID.
    prog11.
ENVIRONMENT DIVISION.
CONFIGURATION SECTION.
SPECIAL-NAMES.
    DECIMAL-POINT IS COMMA.
INPUT-OUTPUT SECTION.
FILE-CONTROL.
    SELECT umsatz-datei ASSIGN TO "umsatz.txt"
           ORGANIZATION IS LINE SEQUENTIAL.
    SELECT vertreter-datei ASSIGN TO "vrtrtr.txt"
           ORGANIZATION IS LINE SEQUENTIAL.
    SELECT artikel-datei ASSIGN TO "artikel.txt"
           ORGANIZATION IS LINE SEQUENTIAL.
DATA DIVISION.
FILE SECTION.
FD  umsatz-datei.
01  umsatz-satz.
    02  vertreternummer PIC 9(4).
    02  FILLER          PIC X(3).
    02  artikelnummer   PIC 99.
    02  anzahl          PIC 999.
FD  vertreter-datei.
01  vertreter-satz PIC X(37).
FD  artikel-datei.
01  artikel-satz PIC X(28).
```

```
WORKING-STORAGE SECTION.
01  artikel-tab-bereich.
    02  artikel-tab OCCURS 1 TO 100 TIMES
                        DEPENDING ON artikel-zahl
                        INDEXED BY artikel-pos.
        03  artikelnummer-tab PIC 99.
        03  artikelname-tab   PIC X(20).
        03  artikelpreis-tab  PIC 9(4)V99.
01  vertreter-tab-bereich.
    02  vertreter-tab OCCURS 1 TO 100 TIMES
                        DEPENDING ON vertreter-zahl
                        INDEXED BY vertreter-pos.
        03  vertreternummer-tab PIC 9(4).
        03  vertretername-tab   PIC X(30).
        03  FILLER              PIC X(3).
01  vertreter-zahl PIC 9(3).
01  artikel-zahl PIC 9(3).
01  gesamtpreis PIC Z(7)9,99.
01  anzahl-aus PIC ZZ9.
01  artikelpreis-aus PIC Z(3)9,99.
01  vorhanden-feld PIC 9.
    88  nicht-vorhanden VALUE 1.
    88  vorhanden VALUE 0.
01  datei-ende-feld PIC 9 VALUE 0.
    88  datei-ende VALUE 1.
    88  kein-datei-ende VALUE 0.
01  zeilenzahl PIC 99 VALUE 5.
    88  neue-seite VALUE 5.
01  ueberschrift-zeile-1 PIC X(78) VALUE
    "        Vertretername                    Artikelname        Anzahl
-   "Preis  Gesamtpreis".
01  ueberschrift-zeile-2.
    02  FILLER PIC X(30) VALUE ALL "-".
    02  FILLER PIC X      VALUE SPACES.
    02  FILLER PIC X(20) VALUE ALL "-".
    02  FILLER PIC X      VALUE SPACES.
    02  FILLER PIC X(6)  VALUE ALL "-".
    02  FILLER PIC X      VALUE SPACES.
```

```
      02  FILLER PIC X(7)  VALUE ALL "-".
      02  FILLER PIC X       VALUE SPACES.
      02  FILLER PIC X(11) VALUE ALL "-".
  01  dummy-ein PIC X.
  01  anfang-feld PIC 9 VALUE 1.
      88  anfang VALUE 1.
      88  kein-anfang VALUE 0.
```

Im Unterschied zu "prog9" werden die Stammdaten aus den sequentiellen
Dateien "vrtrtr.txt" und "artikel.txt" zur Verfügung gestellt. Ferner werden
anstelle der ursprünglichen Datensatz-Beschreibungen die oben entwickelten
Tabellenstrukturen vereinbart. Zudem benötigen wir für das folgende den
zusätzlichen Bedingungsnamen "kein-datei-ende", der durch

```
  01  datei-ende-feld PIC 9 VALUE 0.
      88  datei-ende VALUE 1.
      88  kein-datei-ende VALUE 0.
```

festgelegt ist.

7.2.6 SEARCH-Anweisung für das lineare Durchsuchen

Bei der ursprünglichen Lösung "prog9" haben wir – nach der Eingabe eines
Satzes aus der Datei "umsatz.txt" – über die eingelesene Vertreternummer und Artikelnummer direkt auf die zugehörigen Stammdaten zugegriffen. Jetzt müssen wir die diesen Nummern zugeordneten Stammdaten in
den Tabellen "vertreter-tab" bzw. "artikel-tab" suchen. Dazu muß zunächst
der Inhalt des jeweils ersten Tabellenelements im betreffenden Feld auf den
vorgegebenen Wert überprüft werden. Besteht keine Übereinstimmung,
so ist die Überprüfung mit dem nächsten Tabellenelement fortzusetzen,
beim erneuten Scheitern mit dem darauffolgenden Tabellenelement, usw.
Diese schrittweise – Tabellenelement für Tabellenelement – vorgenommene
Überprüfung wird *lineare Suche* genannt.

Läßt sich insgesamt keine Übereinstimmung feststellen, so muß – genauso wie
im Programm "prog9" – eine Meldung ausgegeben werden, daß die Artikel-
bzw. Vertreternummer nicht im Bestand vorhanden ist.

Sofern eine Tabelle mit der *INDEXED-Klausel* vereinbart ist, läßt sich die
SEARCH-Anweisung in der folgenden Form zum *linearen Durchsuchen* einer
Tabelle verwenden:

```
SEARCH tabellenname VARYING indexname
    AT END end-teil
    WHEN bedingung-1 anweisungsteil-1
  [ WHEN bedingung-2 anweisungsteil-2 ]...
END-SEARCH
```

Bei der Ausführung der SEARCH-Anweisung wird die Tabelle *tabellenname* linear durchsucht. Der jeweilige Wert des hinter VARYING aufgeführten Indexnamens stellt den jeweils aktuellen *Suchindex* dar. Für diesen Suchindex ist *vor* dem Aufruf der SEARCH-Anweisung ein geeigneter *Startwert* – durch Ausführung einer SET-Anweisung – festzulegen.

Als erstes wird die in der ersten *WHEN-Klausel* aufgeführte Bedingung *bedingung-1* überprüft. Trifft sie zu, so werden die Anweisungen von *anweisungsteil-1* durchlaufen und die Ausführung der SEARCH-Anweisung beendet. Anschließend enthält *indexname* den Indexwert der identifizierten Tabellenzeile.

Schlägt die Überprüfung von *bedingung-1* fehl, so wird die Bedingung der nächsten WHEN-Klausel geprüft, usw. Ist die Bedingung der zuletzt aufgeführten WHEN-Klausel ebenfalls erfolglos untersucht worden, so wird der Suchindex automatisch um den Wert 1 erhöht und eine erneute Überprüfung der in den WHEN-Klauseln angegebenen Bedingungen – wiederum beginnend mit der 1. Klausel – vorgenommen. Diese wiederholte Überprüfung – mit jeweils geändertem Suchindex – geschieht solange, bis eine Übereinstimmung festgestellt oder aber bis das Tabellenende erreicht wird, sofern die Suche erfolglos geblieben ist.

Bei *zutreffender* Bedingung werden die in der zugehörigen WHEN-Klausel aufgeführten Anweisungen durchlaufen. Der Indexname *indexname* enthält als Suchindex die Positionsnummer der identifizierten Tabellenzeile.

Soll bei zutreffender Bedingung *keine* Aktion durchgeführt, sondern allein die Ausführung der SEARCH-Anweisung beendet werden, so ist die *CONTINUE*-Anweisung als einzige Anweisung innerhalb der zugehörigen WHEN-Klausel anzugeben.

Hinweis: In einer derartigen Situation geht es z.B. darum, allein den aktuellen Suchindex, der im Indexnamen *indexname* gespeichert ist, in geeigneter Form weiterzuverarbeiten.

Bei *erfolgloser* Suche werden die Anweisungen des *end-teils* durchlaufen, der innerhalb der SEARCH-Anweisung durch die Schlüsselwörter *AT END* eingeleitet und durch das nachfolgende Schlüsselwort *WHEN* abgeschlossen wird.

Stimmt das physikalische Tabellenende *nicht* mit dem logischen Tabellenende überein, so ist die logische Tabellenlänge maßgebend. Das Datenfeld,
in dem diese Länge gespeichert ist, läßt sich – wie zuvor dargestellt – durch
eine OCCURS DEPENDING ON-Klausel verabreden. Der in diesem Feld
enthaltene Wert wird bei der Ausführung einer SEARCH-Anweisung *automatisch* ermittelt und für die Beendigung des Suchprozesses ausgewertet.

7.2.7 Struktogramme zur Beschreibung des Suchprozesses

Auf der Basis der oben angegebenen Tabellendefinitionen beschreiben wir
die Suchprozesse durch die beiden folgenden Struktogramme:

```
gesamt-suche-und-ausgabe
```

```
┌────────────────────────────────────────────────────────────────┐
│        uebertrage den Wert 1 in den Indexnamen "artikel-pos"     │
├────────────────────────────────────────────────────────────────┤
│    durchsuche die Tabelle "artikel-tab";                         │
│        beim Erreichen des Tabellenendes:                         │
│            zeige den Text "Artikelnummer nicht vorhanden:"        │
│                    und den Inhalt von "artikelnummer" an, und     │
│            mache "nicht-vorhanden" zu einer gueltigen Bedingung   │
│        bei erfolgreicher Suche gemaess der Suchbedingung          │
│                "artikelnummer-tab(artikel-pos) = artikelnummer":  │
│            fuehre die Prozedur "suche-und-ausgabe" aus            │
└────────────────────────────────────────────────────────────────┘
```

```
suche-und-ausgabe
```

```
┌────────────────────────────────────────────────────────────────┐
│        uebertrage den Wert 1 in den Indexnamen "vertreter-pos"   │
├────────────────────────────────────────────────────────────────┤
│    durchsuche die Tabelle "vertreter-tab";                       │
│        beim Erreichen des Tabellenendes:                         │
│            zeige den Text "Vertreternummer nicht vorhanden:"      │
│                    und den Inhalt von "vertreternummer" an, und   │
│            mache "nicht-vorhanden" zu einer gueltigen Bedingung   │
│        bei erfolgreicher Suche gemaess der Suchbedingung          │
│                "vertreternummer-tab(vertreter-pos) = vertreternummer": │
│        berechne den Wert von "gesamtpreis" aus dem Produkt von    │
│                "anzahl" und "artikelpreis-tab(artikel-pos)", und  │
│        uebertrage den Wert von "anzahl" nach "anzahl-aus", und    │
│        uebertrage den Wert von "artikelpreis-tab(artikel-pos)" nach │
│                "artikelpreis-aus", und                           │
│        zeige den Inhalt von "vertretername-tab(vertreter-pos)",   │
│                "artikelname-tab(artikel-pos)", "anzahl-aus",      │
│                "artikelpreis-aus" und "gesamtpreis" an, und       │
│        erhoehe den Wert von "zeilenzahl" um 1                    │
└────────────────────────────────────────────────────────────────┘
```

7.2.8 PROCEDURE DIVISION von "prog11"

Die Lösung der Aufgabenstellung AUF11 ergibt sich daraus, daß wir im Struktogramm zur Lösung der Aufgabe AUF9 die Strukturblöcke "gesamt-zugriff-und-ausgabe" und "zugriff-und-ausgabe" durch die oben angegebenen Blöcke "gesamt-suche-und-ausgabe" bzw. "suche-und-ausgabe" ersetzen. Aus Platzgründen verzichten wir an dieser Stelle auf die Wiederholung der Struktogramme "ablauf", "tab-laden" und "ueberschrift".

Insgesamt erhalten wir durch die Umformung der Struktogramme die folgende PROCEDURE DIVISION mit den Prozeduren "ablauf", "tab-laden", "ueberschrift", "gesamt-suche-und-ausgabe" und "suche-und-ausgabe":

```
PROCEDURE DIVISION.
ablauf.
    PERFORM tab-laden
    OPEN INPUT umsatz-datei
    SET kein-datei-ende TO TRUE
    READ umsatz-datei AT END SET datei-ende TO TRUE
    END-READ
    PERFORM WITH TEST BEFORE UNTIL datei-ende
        IF neue-seite
          THEN PERFORM ueberschrift
        END-IF
        SET vorhanden TO TRUE
        PERFORM gesamt-suche-und-ausgabe
        READ umsatz-datei AT END SET datei-ende TO TRUE
        END-READ
    END-PERFORM
    CLOSE umsatz-datei
    STOP RUN.
tab-laden.
    OPEN INPUT vertreter-datei artikel-datei
    PERFORM WITH TEST BEFORE
        VARYING vertreter-pos FROM 1 BY 1 UNTIL datei-ende
            READ vertreter-datei INTO vertreter-tab(vertreter-pos)
                AT END SET datei-ende TO TRUE
            END-READ
    END-PERFORM
    SET vertreter-pos DOWN BY 2
```

```
        SET vertreter-zahl TO vertreter-pos
        SET kein-datei-ende TO TRUE
        PERFORM WITH TEST BEFORE
            VARYING artikel-pos FROM 1 BY 1 UNTIL datei-ende
                READ artikel-datei INTO artikel-tab(artikel-pos)
                    AT END SET datei-ende TO TRUE
                END-READ
        END-PERFORM
        SET artikel-pos DOWN BY 2
        SET artikel-zahl TO artikel-pos
        CLOSE vertreter-datei artikel-datei.
ueberschrift.
        IF anfang
          THEN
              SET kein-anfang TO TRUE
          ELSE
              DISPLAY "weitere Ausgabe durch Druck der Return-Taste!"
              ACCEPT dummy-ein
        END-IF
        MOVE 0 TO zeilenzahl
        DISPLAY ueberschrift-zeile-1
        DISPLAY ueberschrift-zeile-2
        DISPLAY SPACES.
gesamt-suche-und-ausgabe.
        SET artikel-pos TO 1
        SEARCH artikel-tab VARYING artikel-pos
          AT END
              DISPLAY "Artikelnummer nicht vorhanden:"
                      artikelnummer
              SET nicht-vorhanden TO TRUE
          WHEN
              artikelnummer-tab(artikel-pos) = artikelnummer
                  PERFORM suche-und-ausgabe
        END-SEARCH.
```

```
suche-und-ausgabe.
    SET vertreter-pos TO 1
    SEARCH vertreter-tab VARYING vertreter-pos
       AT END
           DISPLAY "Vertreternummer nicht vorhanden:"
                     vertreternummer
           SET nicht-vorhanden TO TRUE
       WHEN
           vertreternummer-tab(vertreter-pos) = vertreternummer
           COMPUTE gesamtpreis =
                   anzahl * artikelpreis-tab(artikel-pos)
           MOVE anzahl TO anzahl-aus
           MOVE artikelpreis-tab(artikel-pos) TO artikelpreis-aus
           DISPLAY vertretername-tab(vertreter-pos) " "
                   artikelname-tab(artikel-pos)       "    "
                   anzahl-aus                        "  "
                   artikelpreis-aus " " gesamtpreis
           COMPUTE zeilenzahl = zeilenzahl + 1
    END-SEARCH.
```

7.3   Logarithmisches Durchsuchen von Tabellen

7.3.1   Aufgabenstellung
"Umsatzbericht (logarithmische Suche)" (AUF12)

Beim linearen Durchsuchen einer Tabelle ist es unerheblich, ob zwischen den
Inhalten der untersuchten Datenfelder irgendwelche Ordnungsbeziehungen
existieren. Der Suchindex wird, ausgehend von einem Startwert, jeweils um
den Wert 1 erhöht.

Wenn die Anzahl der Tabellenelemente besonders groß ist, sollte die Such-
strategie in die Form einer *logarithmischen Suche* abgeändert werden. Bei
dieser Form des Tabellendurchsuchens wird so verfahren, wie es bei der Suche
einer Telefonnummer innerhalb eines Telefonbuchs üblich ist. Über den Wert
des *mittleren Tabellenelements* wird entschieden, ob das nächste *mittlere
Tabellenelement* im unteren oder im oberen Tabellenbereich zu bestimmen
ist. Durch diese *Halbierung* des *Suchbereichs* wird der jeweils verbleibende
Suchbereich schrittweise eingeschränkt, so daß im Mittel weitaus weniger

Tabellenzugriffe pro Suchprozeß durchgeführt werden müssen als es bei der linearen Suche der Fall ist.

Z.B. werden bei einer Tabelle mit bis zu 32 Tabellenelementen nur maximal 5 Zugriffe und bei einer Tabelle mit bis zu 1024 Tabellenelementen nur maximal 10 Zugriffe benötigt.

Um die Programmlaufzeit, die zur Erstellung des Umsatzberichts benötigt wird, zu verringern, stellen wir uns daher die folgende Aufgabe:

<u>AUF12:</u>   "Umsatzbericht (logarithmische Suche)"

Ausgehend von den Satzbeständen der sequentiellen Dateien "umsatz.txt", "artikel.txt" und "vrtrtr.txt" ist ein Umsatzbericht am Bildschirm auszugeben, in dem Angaben zu den Vertreternamen, Artikelnamen, Stückzahlen, Stückpreisen und Gesamtpreisen enthalten sind. Dabei soll die Ausgabe nach der Anzeige von jeweils 5 Postenzeilen unterbrochen (und durch das Drücken der Return-Taste weitergeführt) werden! Die Aufgabe soll durch den Einsatz der Tabellenverarbeitung gelöst werden, wobei die Tabellen logarithmisch zu durchsuchen sind!

Als Vorlage für die Lösung dieser Aufgabenstellung läßt sich das Programm "prog11" unmittelbar übernehmen. Es sind allein Veränderungen bei den Suchprozessen und beim Laden der Tabellen durchzuführen.

7.3.2 KEY-Klausel

Um eine logarithmische Suche anfordern zu können, muß eine aufsteigende oder eine absteigende Sortierfolge-Ordnung der zu überprüfenden Datenfeld-Inhalte vorliegen.

Die jeweils bestehende Sortierfolge-Ordnung, die beim logarithmischen Suchen ausgenutzt werden soll, muß bereits bei der Definition der zu durchsuchenden Tabelle durch eine *KEY-Klausel* in der folgenden Form festgelegt werden:

```
{ ASCENDING | DESCENDING } KEY IS bezeichner
```

Diese KEY-Klausel ist hinter der OCCURS-Klausel bzw. der OCCURS DEPENDING ON-Klausel und der nachfolgenden INDEXED-Klausel aufzuführen. Ist das Schlüsselwort *ASCENDING* (*DESCENDING*) angegeben, so wird davon ausgegangen, daß die Inhalte von *bezeichner* aufsteigend (fallend) sortiert sind. Dafür, daß die jeweils gekennzeichnete

Sortierung auch tatsächlich vorliegt, ist zuvor in geeigneter Form Sorge
zu tragen – z.B. durch eine vorausgehende Sortierung von Datenbeständen
durch die SORT-Anweisung.

Sofern wir bei den Datensätzen von "artikel.txt" und "vrtrtr.txt" eine
aufsteigende Sortierfolge-Ordnung gemäß der Artikelnummern bzw. der
Vertreternummern voraussetzen können, lassen sich die Tabellen "artikel-
tab" und "vertreter-tab" wie folgt festlegen:

```
01  artikel-tab-bereich.
    02   artikel-tab OCCURS 1 TO 100 TIMES
                     DEPENDING ON artikel-zahl
                     ASCENDING KEY IS artikelnummer-tab
                     INDEXED BY artikel-pos.
        03   artikelnummer-tab PIC 99.
        03   artikelname-tab   PIC X(20).
        03   artikelpreis-tab  PIC 9(4)V99.
01  vertreter-tab-bereich.
    02   vertreter-tab OCCURS 1 TO 100 TIMES
                     DEPENDING ON vertreter-zahl
                     ASCENDING KEY IS vertreternummer-tab
                     INDEXED BY vertreter-pos.
        03   vertreternummer-tab PIC 9(4).
        03   vertretername-tab   PIC X(30).
        03   FILLER              PIC X(3).
```

7.3.3 SEARCH-Anweisung für die logarithmische Suche

Auf der Basis einer Tabelle, für welche die KEY-Klausel vereinbart wurde,
läßt sich für das *logarithmische* Durchsuchen eine wie folgt veränderte Form
der *SEARCH*-Anweisung mit dem Schlüsselwort *ALL* verwenden:

```
SEARCH ALL tabellenname
       AT END end-teil
       WHEN bedingung anweisungs-teil
END-SEARCH
```

Bei der Ausführung dieser Anweisung wird die Tabelle *tabellenname* logarithmisch durchsucht. Der (als erster) zu dieser Tabelle vereinbarte *Indexname*
übernimmt automatisch die Funktion des *Suchindexes*. Diesem Indexnamen

braucht kein Anfangswert zugewiesen werden, da er stets *automatisch* den
Wert 1 als Startwert erhält, so daß immer nur die *gesamte* Tabelle logarithmisch durchsucht werden kann.

Ist die Tabelle mit einer *OCCURS DEPENDING ON-Klausel* vereinbart
worden, so legt der jeweils aktuelle Inhalt des in dieser Klausel angegebenen
Datenfeldes *automatisch* das Ende des Suchprozesses fest.

Beim Durchsuchen wird die in der SEARCH-Anweisung aufgeführte Bedingung *bedingung* überprüft. Diese Bedingung muß eine Abfrage auf Gleichheit
enthalten, wobei der Bezeichner, der innerhalb der ASCENDING KEY- bzw.
DESCENDING KEY-Klausel bei der Tabellendefinition angegeben wurde,
vor dem Gleichheitszeichen eingetragen sein muß.

Bei erfolgreicher Suche enthält der Indexname, dessen Wert als Suchindex
benutzt wird, den Indexwert der identifizierten Tabellenzeile.

Bei erfolgloser Suche werden die Anweisungen des *end-teils* durchlaufen.

Mit Hilfe der SEARCH-Anweisung für die logarithmische Suche können die
ursprünglichen Prozeduren "gesamt-suche-und-ausgabe" sowie "suche-und-
ausgabe" wie folgt verändert werden:

```
gesamt-suche-und-ausgabe.
    SEARCH ALL artikel-tab
        AT END
            DISPLAY "Artikelnummer nicht vorhanden:"
                    artikelnummer
            SET nicht-vorhanden TO TRUE
        WHEN
            artikelnummer-tab(artikel-pos) = artikelnummer
                PERFORM suche-und-ausgabe
    END-SEARCH.
suche-und-ausgabe.
    SEARCH ALL vertreter-tab
        AT END
            DISPLAY "Vertreternummer nicht vorhanden:"
                    vertreternummer
            SET nicht-vorhanden TO TRUE
        WHEN
            vertreternummer-tab(vertreter-pos) = vertreternummer
            COMPUTE gesamtpreis =
                    anzahl * artikelpreis-tab(artikel-pos)
```

```
        MOVE anzahl TO anzahl-aus
        MOVE artikelpreis-tab(artikel-pos) TO artikelpreis-aus
        DISPLAY vertretername-tab(vertreter-pos) " "
                artikelname-tab(artikel-pos)        "   "
                anzahl-aus                             "  "
                artikelpreis-aus " " gesamtpreis
        COMPUTE zeilenzahl = zeilenzahl + 1
    END-SEARCH.
```

7.3.4 Lösung der Aufgabenstellung AUF12

Damit die Inhalte der beiden Tabellen nach aufsteigenden Vertreter- bzw.
Artikelnummern sortiert sind, muß bei der Ausführung der Prozedur "tab-
laden" eine geeignte Sortierung der zugehörigen Datenbestände vorgenommen werden.

Dazu setzen wir die SORT-Anweisung wie folgt ein:

```
SORT sort-datei-v
     ASCENDING KEY vertreternummer-sort
     USING vertreter-datei
     GIVING vertreter-sort-datei
SORT sort-datei-a
     ASCENDING KEY artikelnummer-sort
     USING artikel-datei
     GIVING artikel-sort-datei
```

Die verwendeten Bezeichner legen wir durch die folgenden FD- und SD-
Einträge fest:

```
FD  artikel-sort-datei.
01  artikel-sort-satz PIC X(28).
FD  vertreter-sort-datei.
01  vertreter-sort-satz PIC X(37).
SD  sort-datei-a.
01  artikel-sort-satz.
    02  artikelnummer-sort PIC XX.
    02  FILLER             PIC X(26).
```

```
SD  sort-datei-v.
01  vertreter-sort-satz.
    02  vertreternummer-sort PIC X(4).
    02  FILLER                PIC X(33).
```

Die Zuordnungen der internen zu den externen Dateinamen nehmen wir wie
folgt vor:

```
SELECT artikel-sort-datei ASSIGN TO "artikel.srt"
       ORGANIZATION IS LINE SEQUENTIAL.
SELECT vertreter-sort-datei ASSIGN TO "vrtrtr.srt"
       ORGANIZATION IS LINE SEQUENTIAL.
SELECT sort-datei-a ASSIGN TO "sorta.txt".
SELECT sort-datei-v ASSIGN TO "sortv.txt".
```

Fassen wir alle Angaben zusammen, so läßt sich das folgende Programm
"prog12" als Lösung der Aufgabenstellung AUF12 formulieren:

```
IDENTIFICATION DIVISION.
PROGRAM-ID.
    prog12.
ENVIRONMENT DIVISION.
CONFIGURATION SECTION.
SPECIAL-NAMES.
    DECIMAL-POINT IS COMMA.
INPUT-OUTPUT SECTION.
FILE-CONTROL.
    SELECT umsatz-datei ASSIGN TO "umsatz.txt"
           ORGANIZATION IS LINE SEQUENTIAL.
    SELECT vertreter-datei ASSIGN TO "vrtrtr.txt"
           ORGANIZATION IS LINE SEQUENTIAL.
    SELECT artikel-datei ASSIGN TO "artikel.txt"
           ORGANIZATION IS LINE SEQUENTIAL.
    SELECT artikel-sort-datei ASSIGN TO "artikel.srt"
           ORGANIZATION IS LINE SEQUENTIAL.
    SELECT vertreter-sort-datei ASSIGN TO "vrtrtr.srt"
           ORGANIZATION IS LINE SEQUENTIAL.
    SELECT sort-datei-a ASSIGN TO "sorta.txt".
    SELECT sort-datei-v ASSIGN TO "sortv.txt".
```

```
DATA DIVISION.
FILE SECTION.
FD  umsatz-datei.
01  umsatz-satz.
    02  vertreternummer PIC 9(4).
    02  FILLER          PIC X(3).
    02  artikelnummer   PIC 99.
    02  anzahl          PIC 999.
FD  vertreter-datei.
01  vertreter-satz PIC X(37).
FD  artikel-datei.
01  artikel-satz PIC X(28).
FD  artikel-sort-datei.
01  artikel-sort-satz PIC X(28).
FD  vertreter-sort-datei.
01  vertreter-sort-satz PIC X(37).
SD  sort-datei-a.
01  artikel-sort-satz.
    02  artikelnummer-sort PIC XX.
    02  FILLER             PIC X(26).
SD  sort-datei-v.
01  vertreter-sort-satz.
    02  vertreternummer-sort PIC X(4).
    02  FILLER               PIC X(33).
WORKING-STORAGE SECTION.
01  artikel-tab-bereich.
    02  artikel-tab OCCURS 1 TO 100 TIMES
                    DEPENDING ON artikel-zahl
                    ASCENDING KEY IS artikelnummer-tab
                    INDEXED BY artikel-pos.
        03  artikelnummer-tab PIC 99.
        03  artikelname-tab   PIC X(20).
        03  artikelpreis-tab  PIC 9(4)V99.
```

```
01   vertreter-tab-bereich.
     02   vertreter-tab OCCURS 1 TO 100 TIMES
                        DEPENDING ON vertreter-zahl
                        ASCENDING KEY IS vertreternummer-tab
                        INDEXED BY vertreter-pos.
          03   vertreternummer-tab PIC 9(4).
          03   vertretername-tab   PIC X(30).
          03   FILLER              PIC X(3).
01   vertreter-zahl PIC 9(3).
01   artikel-zahl PIC 9(3).
01   gesamtpreis PIC Z(7)9,99.
01   anzahl-aus PIC ZZ9.
01   artikelpreis-aus PIC Z(3)9,99.
01   vorhanden-feld PIC 9.
     88   nicht-vorhanden VALUE 1.
     88   vorhanden VALUE 0.
01   datei-ende-feld PIC 9 VALUE 0.
     88   datei-ende VALUE 1.
     88   kein-datei-ende VALUE 0.
01   zeilenzahl PIC 99 VALUE 5.
     88   neue-seite VALUE 5.
01   ueberschrift-zeile-1 PIC X(78) VALUE
     "           Vertretername                 Artikelname      Anzahl
-    "Preis  Gesamtpreis".
01   ueberschrift-zeile-2.
     02   FILLER PIC X(30) VALUE ALL "-".
     02   FILLER PIC X      VALUE SPACES.
     02   FILLER PIC X(20) VALUE ALL "-".
     02   FILLER PIC X      VALUE SPACES.
     02   FILLER PIC X(6)  VALUE ALL "-".
     02   FILLER PIC X      VALUE SPACES.
     02   FILLER PIC X(7)  VALUE ALL "-".
     02   FILLER PIC X      VALUE SPACES.
     02   FILLER PIC X(11) VALUE ALL "-".
01   dummy-ein PIC X.
01   anfang-feld PIC 9 VALUE 1.
     88   anfang VALUE 1.
     88   kein-anfang VALUE 0.
```

```cobol
PROCEDURE DIVISION.
ablauf.
    PERFORM tab-laden
    OPEN INPUT umsatz-datei
    SET kein-datei-ende TO TRUE
    READ umsatz-datei AT END SET datei-ende TO TRUE
    END-READ
    PERFORM WITH TEST BEFORE UNTIL datei-ende
        IF neue-seite
          THEN PERFORM ueberschrift
        END-IF
        SET vorhanden TO TRUE
        PERFORM gesamt-suche-und-ausgabe
        READ umsatz-datei AT END SET datei-ende TO TRUE
        END-READ
    END-PERFORM
    CLOSE umsatz-datei
    STOP RUN.
tab-laden.
    SORT sort-datei-v
        ASCENDING KEY vertreternummer-sort
        USING vertreter-datei
        GIVING vertreter-sort-datei
    SORT sort-datei-a
        ASCENDING KEY artikelnummer-sort
        USING artikel-datei
        GIVING artikel-sort-datei
    OPEN INPUT vertreter-sort-datei artikel-sort-datei
    PERFORM WITH TEST BEFORE
        VARYING vertreter-pos FROM 1 BY 1 UNTIL datei-ende
            READ vertreter-sort-datei
                INTO vertreter-tab(vertreter-pos)
                AT END SET datei-ende TO TRUE
            END-READ
    END-PERFORM
    SET vertreter-pos DOWN BY 2
    SET vertreter-zahl TO vertreter-pos
    SET kein-datei-ende TO TRUE
```

```
    PERFORM WITH TEST BEFORE
        VARYING artikel-pos FROM 1 BY 1 UNTIL datei-ende
            READ artikel-sort-datei
                INTO artikel-tab(artikel-pos)
                AT END SET datei-ende TO TRUE
            END-READ
    END-PERFORM
    SET artikel-pos DOWN BY 2
    SET artikel-zahl TO artikel-pos
    CLOSE vertreter-sort-datei artikel-sort-datei.
ueberschrift.
    IF anfang
      THEN
          SET kein-anfang TO TRUE
      ELSE
          DISPLAY "weitere Ausgabe durch Druck der Return-Taste!"
          ACCEPT dummy-ein
    END-IF
    MOVE 0 TO zeilenzahl
    DISPLAY ueberschrift-zeile-1
    DISPLAY ueberschrift-zeile-2
    DISPLAY SPACES.
gesamt-suche-und-ausgabe.
    SEARCH ALL artikel-tab
        AT END
            DISPLAY "Artikelnummer nicht vorhanden:"
                    artikelnummer
            SET nicht-vorhanden TO TRUE
        WHEN
            artikelnummer-tab(artikel-pos) = artikelnummer
                PERFORM suche-und-ausgabe
    END-SEARCH.
suche-und-ausgabe.
    SEARCH ALL vertreter-tab
        AT END
            DISPLAY "Vertreternummer nicht vorhanden:"
                    vertreternummer
            SET nicht-vorhanden TO TRUE
```

```
    WHEN
        vertreternummer-tab(vertreter-pos) = vertreternummer
        COMPUTE gesamtpreis =
                anzahl * artikelpreis-tab(artikel-pos)
        MOVE anzahl TO anzahl-aus
        MOVE artikelpreis-tab(artikel-pos) TO artikelpreis-aus
        DISPLAY vertretername-tab(vertreter-pos) " "
                artikelname-tab(artikel-pos)       "   "
                anzahl-aus                       "  "
                artikelpreis-aus " " gesamtpreis
        COMPUTE zeilenzahl = zeilenzahl + 1
END-SEARCH.
```

7.4   Das Arbeiten mit mehrstufigen Tabellen

In COBOL können nicht nur einstufige Tabellen, in denen über *einen* Indexwert auf Tabellenelemente zugegriffen wird, sondern auch *mehrstufige Tabellen* vereinbart werden. Dazu sind auf verschiedenen Hierarchiestufen (und nicht nur auf der obersten Stufe) der Datensatz-Beschreibung geeignete OCCURS-Klauseln anzugeben.

Hinweis: Der Sprachstandard von COBOL-85 schreibt vor, daß die Anzahl von *sieben* OCCURS-Klauseln innerhalb einer Tabellendefinition *nicht* überschritten werden darf.

Werden z.B. Artikel in vier Lägern geführt, so läßt sich etwa die folgende Tabellenstruktur für die Bestandsführung verwenden:

```
01  artikel-lager-tab-bereich.
    02  artikel-lager-tab OCCURS 4 TIMES
                        INDEXED BY lager-pos.
        03  lageradresse PIC X(30).
        03  artikel-tab OCCURS 100 TIMES
                        INDEXED BY artikel-pos.
            04  artikelnummer-tab PIC 99.
            04  artikelname-tab   PIC X(20).
            04  artikelpreis-tab  PIC 9(4)V99.
```

Z.B. läßt sich durch "artikelname-tab(2,12)" ein Artikelname ansprechen, der innerhalb des 2. Elements der Tabelle "artikel-lager-tab" und dort innerhalb des 12. Tabellenelements der Tabelle "artikel-tab" an den Zeichenpositionen "3–22" gespeichert ist.

Eine OCCURS DEPENDING ON-Klausel darf für die Tabellendefinition nur auf der *obersten* Hierarchiestufe verwendet werden.

So lassen sich z.B. durch die folgende Vereinbarung sämtliche Zeichenpositionen eines Speicherbereichs adressieren, dessen Inhalt durch eine DISPLAY-Anweisung am Bildschirm angezeigt werden soll:

```
01  seite.
    02  zeile OCCURS 20 TO 24 TIMES DEPENDING ON seiten-laenge
            INDEXED BY zeile-pos.
        03  spalte OCCURS 80 TIMES PIC X.
01  seiten-laenge PIC 99.
```

Auf der Basis dieser Tabellendefinition kann z.B. das Zeichen an der 40. Spaltenposition innerhalb der 10. Zeile durch "spalte (10,40)" adressiert werden. Auf die gesamte 3. Zeile läßt sich über die Angabe "zeile(3)" zugreifen.

7.5 Aufgaben

Aufgabe 10:

Es soll ein Programm ("loes10") entwickelt werden, mit dem der Satzbestand der Datei "umsatz.txt" auf dem Bildschirm angezeigt werden kann! Dazu ist eine geeignete Tabelle zur Zwischenspeicherung von eingelesenen Umsatzdatensätzen einzurichten, so daß die Satzinhalte, die auf einer Bildschirmseite angezeigt werden sollen, durch die Ausführung einer einzigen DISPLAY-Anweisung ausgegeben werden können!

Kapitel 8

Modularisierung von Problemlösungen

8.1   Struktur von Unterprogrammen

Bei der Lösung der Aufgabenstellung AUF10 haben wir die Lösungspläne zu
den Aufgaben AUF7 und AUF8 aufgegriffen und sie in einen gemeinsamen
Lösungsplan integriert.   Die Struktur der zugehörigen Programmlösung
"prog10" ist nicht mehr so einfach zu überblicken. Insofern sollte bei der
Lösung komplexer Problemstellungen versucht werden, das gestellte Problem
in *Teilprobleme* zu gliedern, die jeweils für sich in Form von eigenständigen
Programmkomponenten gelöst und anschließend in einen gemeinsamen Rahmen zu einer *Gesamtlösung* zusammengefügt werden können.

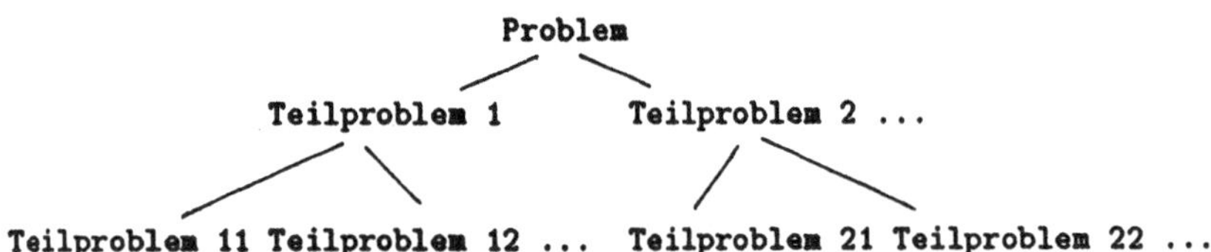

Diese *strukturierende Vorgehensweise* beim Entwurf eines Lösungsplans wird
in COBOL dadurch unterstützt, daß die einzelnen Programmkomponenten
als *Unterprogramme* aufgebaut und durch eine übergeordnete Lösungskom-
ponente, die *Hauptprogramm* genannt wird, auf eine Anforderung hin zur
Ausführung gebracht werden können.

Die Programmkomponenten *Hauptprogramm* und *Unterprogramme* besitzen
jeweils die Struktur eines *COBOL-Programms.*

Zur Lösung des Problems muß zunächst das Hauptprogramm gestartet
werden. In diesem Programm läßt sich das jeweils gewünschte Unterprogramm durch einen *Unterprogrammaufruf* zur Ausführung bringen. Nach
dem Durchlaufen des aufgerufenen Unterprogramms erfolgt – an dessen Programmende – ein *Rücksprung* zum Hauptprogramm. Anschließend wird die
Ausführung des Hauptprogramms unmittelbar hinter dem Unterprogrammaufruf fortgesetzt.

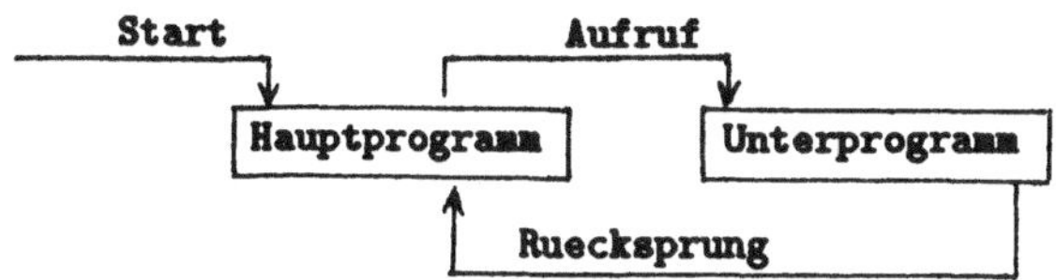

Genauso wie sich ein Unterprogramm vom Hauptprogramm aufrufen läßt,
kann ein Unterprogramm auch von einem anderen Unterprogramm aktiviert werden. Nach der Ausführung des aufgerufenen Unterprogramms
wird die Programmausführung – nach dem Rücksprung – hinter der
Stelle in der rufenden Programmkomponenten fortgesetzt, an welcher der
Unterprogrammaufruf erfolgte:

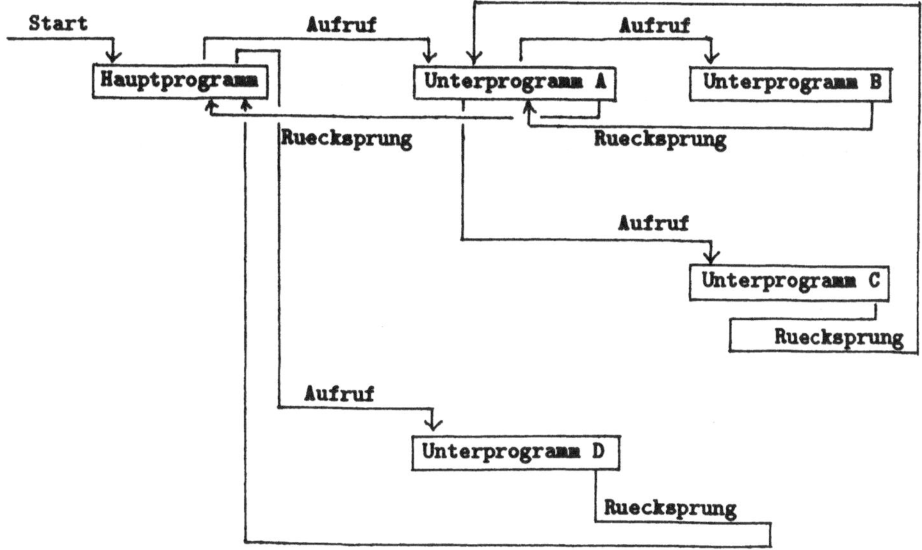

8.2 Aufgabenstellung "Mehrere Programmeinheiten" (AUF13)

Um eine Programmlösung durch die Methode der *strukturierenden Vorgehensweise* zu entwickeln, stellen wir uns die folgende Aufgabe:

<u>AUF13:</u>   "Mehrere Programmeinheiten"

Die oben angegebene Aufgabenstellung AUF10, bei der für eine indexsequentielle Datei ein Direktzugriff und eine Anzeige eines Satzbereichs ermöglicht werden sollte, ist so zu lösen, daß die resultierende Programmlösung in ein Haupt- und zwei Unterprogramme gegliedert wird!

Es ist unmittelbar erkennbar, daß wir die Problemlösung wie folgt zerlegen können:

- für die Ausgabe von Satzbereichen kann das Programm "prog7" (leicht modifiziert) als Unterprogramm eingesetzt werden,

- für die Ausgabe einzelner Sätze läßt sich das Programm "prog8" (leicht modifiziert) als Unterprogramm verwenden, und

- für die Steuerung, welches der beiden Unterprogramme jeweils aufzurufen ist, muß eine *neue* Programmkomponente entwickelt werden, welche die Funktion des Hauptprogramms übernimmt.

8.3 Beschreibende Programmteile des Hauptprogramms "prog13"

Zur Lösung unserer Aufgabenstellung sehen wir vor, daß der folgende Text beim Programmstart des Hauptprogramms angezeigt werden soll:

```
Ende der Verarbeitung:          (0)
Ausgabe eines Satzbereichs:     (1)
Ausgabe eines einzelnen Satzes: (2)

triff eine Auswahl (0/1/2):
```

Wir fordern die Eingabe einer Ziffer (0, 1 oder 2) an und sehen für die Aufnahme dieser Ziffer das Feld "auswahl-ein" vor, das wir wie folgt vereinbaren:

```
01   auswahl-ein PIC 9 VALUE 0.
     88   ende VALUE 0.
     88   satz-bereich VALUE 1.
     88   einzelner-satz VALUE 2.
```

Für jede der möglichen Ziffern 0, 1 oder 2 ist ein zugehöriger Bedingungsname vereinbart, über den abgefragt werden kann, welche Art von Ausführung gewünscht wird. Über die Bedingungen "satz-bereich" und "einzelner-satz" soll der Aufruf eines zugeordneten Unterprogramms erfolgen (siehe Abschnitt 8.7), das die angeforderte Leistung erbringt.

Da im Hauptprogramm keine Dateien bearbeitet werden, lassen sich die beschreibenden Programmteile für das Hauptprogramm wie folgt angeben:

```
IDENTIFICATION DIVISION.
PROGRAM-ID.
    prog13.
DATA DIVISION.
WORKING-STORAGE SECTION.
01   auswahl-ein PIC 9 VALUE 0.
     88   ende VALUE 0.
     88   satz-bereich VALUE 1.
     88   einzelner-satz VALUE 2.
```

8.4   Unterprogrammaufruf und Rücksprung

Nach dem Programmstart des Hauptprogramms kann die Ausführung eines Unterprogramms durch einen *Unterprogrammaufruf* angefordert werden. Da die jeweils aufzurufende Programmeinheit in einer eigenständigen Datei gespeichert ist, läßt sich dazu eine *CALL*-Anweisung in der Form

```
CALL "unterprogramm-dateiname"
```

einsetzen. Der Name der Datei, in der das gewünschte Unterprogramm als ausführbares Objektprogramm gespeichert ist, muß hinter CALL als alphanumerische Konstante angegeben werden.

Hinweis: Als Namensergänzung ist beim COBOL-Werkzeug Professional COBOL die Angabe ".*int*" und bei Microsoft COBOL die Angabe ".*exe*" zu verwenden. Im folgenden geben wir stets die Ergänzung ".exe" an.

Durch die CALL-Anweisung wird das Unterprogramm in den Hauptspeicher geladen. Anschließend werden die Anweisungen der zugehörigen PROCEDURE DIVISION – beginnend mit der ersten Anweisung der ersten Prozedur – zur Ausführung gebracht.

So können wir z.B. die Aktivierung des Unterprogramms "prog7a" (siehe Abschnitt 8.7), dessen ausführbare Form nach der Kompilierung innerhalb der Datei "prog7a.exe" eingetragen ist, durch die CALL-Anweisung

```
CALL "prog7a.exe"
```

veranlassen.

Hinweis: Wie wir weiter unten feststellen werden, müssen wir die Programme "prog7" und "prog8" leicht modifizieren, um sie als Unterprogramme einsetzen zu können. Daher wählen wir im folgenden die Programmnamen "prog7a" bzw. "prog8a", um die entsprechend modifizierten Programme in ihrer neuen Form als Unterprogramme von den ursprünglichen Programmformen "prog7" bzw. "prog8" zu unterscheiden.

Soll der Name der Datei, in der das Unterprogramm gespeichert ist, nicht als Konstante angegeben, sondern etwa im Dialog erfragt werden, so ist innerhalb der *CALL*-Anweisung ein alphanumerisches Feld in der Form

```
CALL bezeichner
```

aufzuführen. In diesem Feld muß der zuvor über die Tastatur eingegebene Dateiname gespeichert sein, so daß das Unterprogramm – zum Zeitpunkt des Unterprogrammaufrufs – aus der so gekennzeichneten Datei gestartet werden kann.

Nach der Ausführung des aufgerufenen Unterprogramms muß an dessen Programmende ein *Rücksprung* zum rufenden Programm erfolgen. Dazu ist die *EXIT*-Anweisung in der Form

```
EXIT PROGRAM
```

in die PROCEDURE DIVISION des Unterprogramms einzutragen.

Hinweis: Das Unterprogramm darf *keine* STOP-Anweisung enthalten.

Durch die Ausführung der EXIT-Anweisung wird das rufende Programm *unmittelbar* hinter dem Unterprogrammaufruf fortgesetzt:

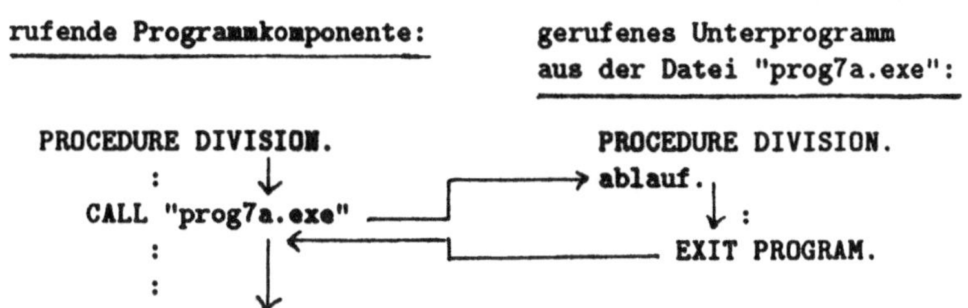

Wird ein bereits aktiviertes Unterprogramm während der Programmausführung ein zweites Mal aufgerufen, so ist zu beachten, daß sämtliche
Felder des Arbeitsspeichers diejenigen Inhalte besitzen, die sie zum Zeitpunkt des erstmaligen Rücksprungs ins rufende Programm besessen haben.

Hinweis: Folglich sind durch VALUE-Klauseln festgelegte Voreinstellungen nur dann noch
in Kraft, wenn die zugehörigen Datenfelder zwischenzeitlich *nicht* verändert wurden.

Soll dagegen ein Unterprogramm nach dem erstmaligen Aufruf für den
nächsten Aufruf wiederum in seiner *Ursprungsform* zur Verfügung stehen, so
ist das Unterprogramm – nach dem Rücksprung in das rufende Programm
– durch eine CANCEL-Anweisung aus dem Hauptspeicher zu entfernen.

Die *CANCEL*-Anweisung ist in der Form

```
CANCEL "unterprogramm-dateiname"
```

bzw.

```
CANCEL bezeichner
```

anzugeben. Dabei haben die Platzhalter *unterprogramm-dateiname* und
bezeichner dieselbe Funktion wie innerhalb der CALL-Anweisung.

Generell darf ein Hauptprogramm mehrere Unterprogramme aktivieren, und
ein Unterprogramm kann über eine CALL-Anweisung weitere Unterprogramme aufrufen. Allerdings darf ein Unterprogramm *niemals* ein Unterprogramm aktivieren, das in der Aufrufhierarchie *vor* ihm steht. Damit soll
verhindert werden, daß ein Unterprogramm sich direkt oder indirekt (über
andere Unterprogramme) selbst aufrufen kann.

8.5   Struktogramm zur Lösung von AUF13

Nachdem wir kennengelernt haben, daß ein Unterprogramm durch eine
CALL-Anweisung aufgerufen wird und der Rücksprung zur rufenden Programmkomponente durch die EXIT-Anweisung geschieht, formulieren wir
jetzt den Lösungsplan für die Aufgabe AUF13 durch das folgende Struktogramm:

ablauf

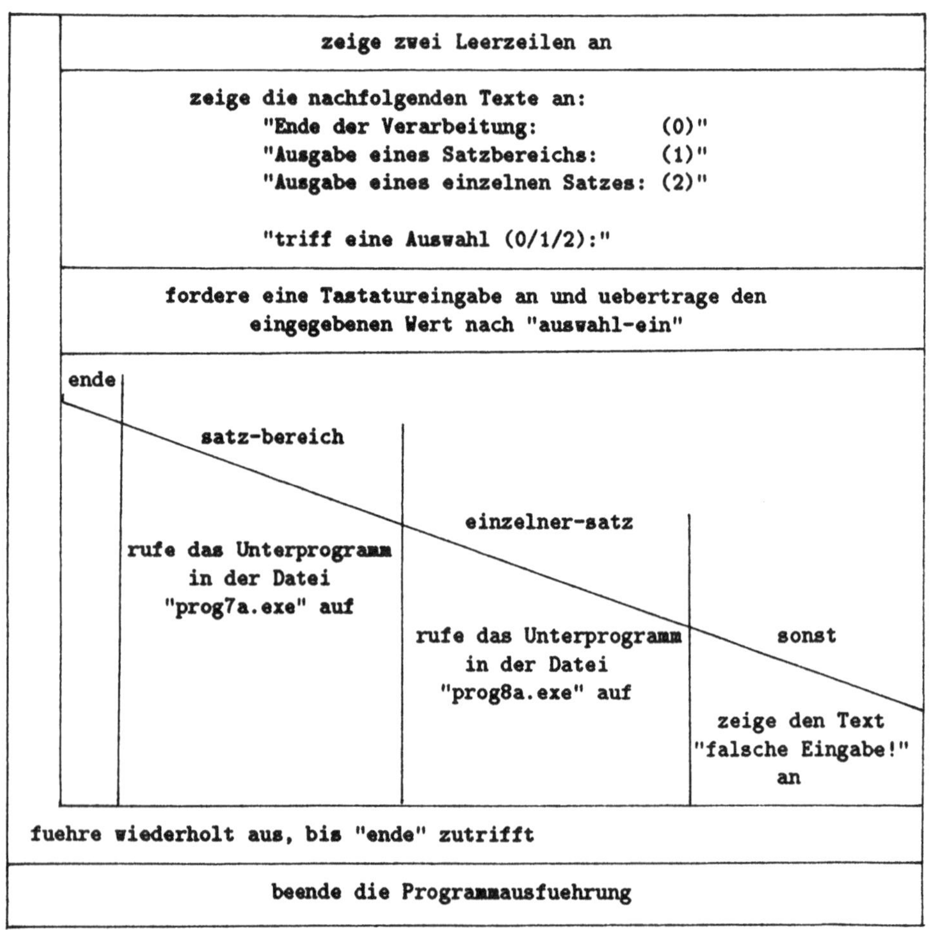

8.6   PROCEDURE DIVISION von "prog13"

Durch den Einsatz der EVALUATE-Anweisung läßt sich der oben
angegebene Case-Block wie folgt umsetzen:

```
EVALUATE TRUE
    WHEN ende              CONTINUE
    WHEN satz-bereich      CALL "prog7a.exe"
    WHEN einzelner-satz    CALL "prog8a.exe"
    WHEN OTHER             DISPLAY "falsche Eingabe!"
END-EVALUATE
```

Dabei haben wir innerhalb der CALL-Anweisungen die Dateinamen
"prog7a.exe" bzw. "prog8a.exe" aufgeführt. In diesen Dateien müssen die
gemäß den Unterprogrammkonventionen geänderten Programme "prog7"
bzw. "prog8" (siehe Abschnitt 8.7) in ihrer ausführbaren Form gespeichert
sein.

Insgesamt können wir somit die Angaben aus dem Struktogramm "ablauf"
in die folgende PROCEDURE DIVISION umformen:

```
PROCEDURE DIVISION.
ablauf.
    PERFORM WITH TEST AFTER UNTIL ende
        DISPLAY SPACES
        DISPLAY SPACES
        DISPLAY "Ende der Verarbeitung:        (0)"
        DISPLAY "Ausgabe eines Satzbereichs:     (1)"
        DISPLAY "Ausgabe eines einzelnen Satzes: (2)"
        DISPLAY SPACES
        DISPLAY "triff eine Auswahl (0/1/2):" WITH NO ADVANCING
        ACCEPT auswahl-ein
        EVALUATE TRUE
            WHEN ende              CONTINUE
            WHEN satz-bereich      CALL "prog7a.exe"
            WHEN einzelner-satz    CALL "prog8a.exe"
            WHEN OTHER             DISPLAY "falsche Eingabe!"
        END-EVALUATE
    END-PERFORM
    STOP RUN.
```

8.7 Unterprogramme "prog7a" und "prog8a"

Gegenüber der ursprünglichen Version der Problemlösung von AUF7 ist die
STOP-Anweisung

```
STOP RUN.
```

– zur Beendigung der Programmausführung – durch die EXIT-Anweisung
der Form

```
EXIT PROGRAM.
```

– zum Rücksprung in das rufende Hauptprogramm "prog13" – auszutauschen.

Da nach dem ersten Unterprogrammaufruf die Inhalte der Felder des Arbeitsspeichers *nicht* in ihre ursprüngliche Form – vor dem erstmaligen Unterprogrammaufruf – zurückversetzt werden, müssen wir eine geeignete Nor-
mierung für die Indikatorfelder "fehler-signal-feld" sowie "datei-ende-feld"
vorsehen. Dazu ergänzen wir die Datenfeld-Beschreibung von "datei-ende-
feld" um den Bedingungsnamen "kein-datei-ende" und tragen die SET-
Anweisungen

```
SET artikelnummer-ok TO TRUE
SET kein-datei-ende TO TRUE
```

unmittelbar vor der START-Anweisung (siehe unten) in die PROCEDURE
DIVISION ein.

Nach der Durchführung dieser Änderung besitzt das Unterprogramm
"prog7a" die folgende Form:

```
IDENTIFICATION DIVISION.
PROGRAM-ID.
    prog7a.
ENVIRONMENT DIVISION.
CONFIGURATION SECTION.
SPECIAL-NAMES.
    DECIMAL-POINT IS COMMA.
```

```cobol
INPUT-OUTPUT SECTION.
FILE-CONTROL.
    SELECT artikel-datei-ind ASSIGN TO "artikel.ind"
            ORGANIZATION IS INDEXED
            ACCESS MODE IS SEQUENTIAL
            RECORD KEY IS artikelnummer-ind.
DATA DIVISION.
FILE SECTION.
FD  artikel-datei-ind.
01  artikel-satz-ind.
    02   artikelnummer-ind PIC XX.
    02   artikelname-ind   PIC X(20).
    02   artikelpreis-ind  PIC 9(4)V99.
WORKING-STORAGE SECTION.
01  artikelpreis-aus PIC Z(3)9,99.
01  letzte-artikelnummer PIC 99.
01  fehler-signal-feld PIC 9 VALUE 0.
    88   artikelnummer-falsch VALUE 1.
    88   artikelnummer-ok VALUE 0.
01  datei-ende-feld PIC 9 VALUE 0.
    88   datei-ende VALUE 1.
    88   kein-datei-ende VALUE 0.
01  dummy-ein PIC X.
PROCEDURE DIVISION.
ablauf.
    OPEN INPUT artikel-datei-ind
    DISPLAY "kleinste Artikelnummer:" WITH NO ADVANCING
    ACCEPT artikelnummer-ind
    DISPLAY "groesste Artikelnummer:" WITH NO ADVANCING
    ACCEPT letzte-artikelnummer
    SET artikelnummer-ok TO TRUE
    SET kein-datei-ende TO TRUE
    START artikel-datei-ind
        KEY IS >= artikelnummer-ind
        INVALID KEY DISPLAY
                       "Artikelnummer nicht im Bestand enthalten!"
                    SET artikelnummer-falsch TO TRUE
    END-START
```

```
    IF artikelnummer-ok
      THEN
        READ artikel-datei-ind
            AT END SET datei-ende TO TRUE
        END-READ
        IF artikelnummer-ind > letzte-artikelnummer
           THEN DISPLAY
                 "Artikelnummer nicht im Bestand enthalten!"
                 SET artikelnummer-falsch TO TRUE
        END-IF
        PERFORM satzbereich-ausgabe WITH TEST BEFORE
            UNTIL artikelnummer-falsch OR datei-ende
    END-IF
    CLOSE artikel-datei-ind
    EXIT PROGRAM.
satzbereich-ausgabe.
    PERFORM WITH TEST BEFORE UNTIL datei-ende
        DISPLAY SPACES
        DISPLAY "Artikelnummer:" artikelnummer-ind
        DISPLAY "Artikelname:" artikelname-ind
        MOVE artikelpreis-ind TO artikelpreis-aus
        DISPLAY "Artikelpreis:" artikelpreis-aus
        READ artikel-datei-ind
            AT END SET datei-ende TO TRUE
        END-READ
        IF NOT datei-ende AND
              artikelnummer-ind > letzte-artikelnummer
           THEN SET datei-ende TO TRUE
           ELSE IF NOT datei-ende
                   THEN DISPLAY SPACES
                        ACCEPT dummy-ein
                END-IF
        END-IF
    END-PERFORM.
```

Beim Programm "prog8" ist allein die STOP-Anweisung in die EXIT-Anweisung der Form

EXIT PROGRAM.

abzuändern, so daß sich das Unterprogramm "prog8a" wie folgt angeben läßt:

```
IDENTIFICATION DIVISION.
PROGRAM-ID.
    prog8a.
ENVIRONMENT DIVISION.
CONFIGURATION SECTION.
SPECIAL-NAMES.
    DECIMAL-POINT IS COMMA.
INPUT-OUTPUT SECTION.
FILE-CONTROL.
    SELECT artikel-datei-ind ASSIGN TO "artikel.ind"
           ORGANIZATION IS INDEXED
           ACCESS MODE IS RANDOM
           RECORD KEY IS artikelnummer-ind.
DATA DIVISION.
FILE SECTION.
FD  artikel-datei-ind.
01  artikel-satz-ind.
    02  artikelnummer-ind PIC XX.
    02  artikelname-ind   PIC X(20).
    02  artikelpreis-ind  PIC 9(4)V99.
WORKING-STORAGE SECTION.
01  artikelpreis-aus PIC Z(3)9,99.
01  ende-ein PIC X.
    88  ende VALUE "j" "J".
01  fehler-signal-feld PIC 9 VALUE 0.
    88  artikelnummer-falsch VALUE 1.
    88  artikelnummer-ok VALUE 0.
```

```
PROCEDURE DIVISION.
ablauf.
    OPEN INPUT artikel-datei-ind.
    PERFORM WITH TEST AFTER UNTIL ende
        DISPLAY "Artikelnummer:" WITH NO ADVANCING
        ACCEPT artikelnummer-ind
        READ artikel-datei-ind
            INVALID KEY
                DISPLAY "Artikelnummer nicht im Bestand enthalten!"
                SET artikelnummer-falsch TO TRUE
        END-READ
        PERFORM ausgabe
        DISPLAY SPACES
        DISPLAY "Ende?(j/J):" WITH NO ADVANCING
        ACCEPT ende-ein
        DISPLAY SPACES
    END-PERFORM
    CLOSE artikel-datei-ind
    EXIT PROGRAM.
ausgabe.
    IF artikelnummer-falsch
        THEN SET artikelnummer-ok TO TRUE
    ELSE
        DISPLAY "Artikelname:" artikelname-ind
        MOVE artikelpreis-ind TO artikelpreis-aus
        DISPLAY "Artikelpreis:" artikelpreis-aus
    END-IF.
```

8.8   Parameterübergabe

Bislang haben wir geschildert, wie sich Unterprogramme durch das Hauptprogramm bzw. durch andere Unterprogramme aufrufen lassen und wie der
Rücksprung von der gerufenen zur rufenden Programmkomponente erfolgen
muß. Jetzt beschreiben wir, wie sich *Meldungen* von der rufenden in die
gerufene Programmkomponente und umgekehrt übertragen lassen.

Sollen durch einen Unterprogrammaufruf Daten in das gerufene Unterprogramm übermittelt werden, so sind diese Daten als *Datenfeldinhalte* bereitzustellen und die zugehörigen Bezeichner innerhalb der *USING-Klausel* einer *CALL*-Anweisung in der Form

```
CALL   { "unterprogramm-dateiname" | bezeichner-1 }
       USING bezeichner-2 [ bezeichner-3 ]...
```

anzugeben. Die Datenfelder (*bezeichner-2* usw.), welche die zu übertragenden Daten enthalten, werden *aktuelle Parameter* genannt.

Hinweis: Es dürfen *keine* Programmkonstanten als aktuelle Parameter verwendet werden.

Damit das *gerufene* Unterprogramm die als aktuelle Parameter übermittelten Daten aufnehmen kann, muß in der DATA DIVISION eine *LINKAGE SECTION* als weiteres Kapitel vorgesehen werden. In diesem Kapitel sind geeignete Datenfeld-Beschreibungen für die mit den aktuellen Parametern korrespondierenden Datenfelder – sie werden *formale Parameter* genannt – anzugeben. Zusätzlich sind diese formalen Parameter in einer *USING-Klausel* hinter dem Namen *PROCEDURE DIVISION* aufzuführen:

```
    I
DATA DIVISION.
FILE SECTION.
    I
WORKING-STORAGE SECTION.
    I
LINKAGE SECTION.

    Datenfeld-Beschreibungen der formalen Parameter
    up-bezeichner-1 [ up-bezeichner-2 ]...


PROCEDURE DIVISION
        USING up-bezeichner-1 [ up-bezeichner-2 ]... .
    I
```

Hinweis: Entweder enthält ein Unterprogramm sowohl eine LINKAGE SECTION und eine USING-Klausel hinter *PROCEDURE DIVISION* (es sind Daten auszutauschen) oder aber es fehlen beide Angaben (es sind *keine* Daten auszutauschen).

Bezüglich der *Korrespondenz* zwischen den aktuellen Parametern der rufenden Programmkomponente und den formalen Parametern des gerufenen Unterprogramms gelten die folgenden Regeln:

- die *Anzahl* der in der USING-Klausel der CALL-Anweisung aufgeführten aktuellen Parameter muß mit der Anzahl der formalen Parameter innerhalb der USING-Klausel hinter *PROCEDURE DIVISION übereinstimmen*, und

- die *Zuordnung* der Parameter erfolgt gemäß der *Reihenfolge*, in der die Parameter innerhalb ihrer USING-Klauseln aufgeführt sind.

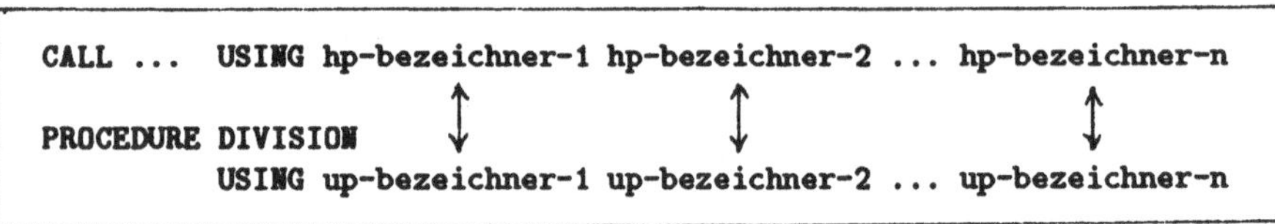

Da der Name eines formalen Parameters nicht mit dem Namen des zugehörigen aktuellen Parameters übereinzustimmen braucht, können Unterprogramme unabhängig von der Kenntnis der internen Struktur des rufenden Programms entwickelt werden. Es ist allein zu berücksichtigen, welche aktuellen Parameter in welcher Reihenfolge beim Aufruf des Unterprogramms bereitgestellt werden.

Sofern Meldungen zwischen der rufenden und der gerufenen Programmkomponente ausgetauscht werden sollen, läßt sich festlegen, ob das gerufene Unterprogramm nur *lesenden Zugriff* auf einen aktuellen Parameter haben darf oder ob zusätzlich auch ein *schreibender Zugriff* – für die Rückübermittlung von Daten – bestehen soll. Um dies festzulegen, stehen die Schlüsselwörter *BY REFERENCE* und *BY CONTENT* zur Verfügung, so daß die *CALL*-Anweisung in der folgenden Form eingesetzt werden kann:

```
CALL   { "unterprogramm-dateiname" | bezeichner-1 } USING
          [ { BY REFERENCE | BY CONTENT } ]
                bezeichner-2 [ bezeichner-3 ]...
       [  [ { BY REFERENCE | BY CONTENT } ]
                bezeichner-4 [ bezeichner-5 ]... ]...
```

Um den Zugriff seitens des gerufenen Unterprogramms auf einen *lesenden* Zugriff einzuschränken, sind den betroffenen Datenfeldern die Schlüsselwörter *BY CONTENT* voranzustellen.   Soll sowohl ein lesender als auch ein schreibender Zugriff gestattet sein, so sind die Datenfelder hinter den Schlüsselwörtern *BY REFERENCE* anzugeben.

Hinweis: Mehrere Datenfelder, für die der gleiche Zugriff festgelegt werden soll, dürfen – im Anschluß an *BY REFERENCE* bzw. *BY CONTENT* – unmittelbar hintereinander aufgeführt werden. Ohne Angabe dieser Schlüsselwörter ist der schreibende Zugriff (*BY REFERENCE*) voreingestellt.

8.9   Aufgabenstellung "Verschachtelter Aufruf" (AUF14)

Die Möglichkeit, Parameter für den Schreibzugriff zu sperren, wollen wir uns am Lösungsplan für die folgende Aufgabenstellung verdeutlichen:

<u>AUF14:</u>   "Verschachtelter Aufruf"

Es soll die Aufgabe AUF13 (siehe Abschnitt 8.2) so gelöst werden, daß der Aufruf der Unterprogramme "prog7a" und "prog8a" nicht im Hauptprogramm, sondern innerhalb eines weiteren Unterprogramms vorgenommen wird!

8.10   Das Hauptprogramm "prog14"

Zur Lösung unserer Aufgabenstellung legen wir die Programmzeilen von "prog13" als Hauptprogramm zugrunde. Die ursprüngliche EVALUATE-Anweisung ersetzen wir durch die folgenden Anweisungen:

```
IF NOT ende
   THEN CALL "prog14a.exe" USING BY CONTENT auswahl-ein
                                 BY REFERENCE fehler-feld
        IF fehler
           THEN DISPLAY "falsche Eingabe!"
           SET kein-fehler TO TRUE
        END-IF
END-IF
```

Dabei soll "prog14a.exe" eine Datei bezeichnen, in der das ausführbare Objektprogramm eines noch zu entwickelnden Unterprogramms (namens "prog14a") gespeichert ist. Dieses Unterprogramm soll die Steuerung übernehmen, ob das Unterprogramm "prog7a" oder "prog8a" auszuführen ist.

Über den ersten Parameter der CALL-Anweisung

```
CALL "prog14a.exe" USING BY CONTENT auswahl-ein
                         BY REFERENCE fehler-feld
```

soll der eingelesene Wert übermittelt werden, und über den zweiten Parameter soll eine Rückmeldung erfolgen, ob der eingelesene Wert fehlerfrei ist oder nicht.

Aus diesem Grund tragen wir die Vereinbarungen

```
01   auswahl-ein PIC 9 VALUE 0.
     88  ende VALUE 0.
01   fehler-feld PIC 9 VALUE 0.
     88  fehler VALUE 1.
     88  kein-fehler VALUE 0.
```

in die WORKING-STORAGE SECTION ein, so daß wir – in Abwandlung des Programms "prog13" – das folgende Hauptprogramm erhalten:

```
IDENTIFICATION DIVISION.
PROGRAM-ID.
    prog14.
DATA DIVISION.
WORKING-STORAGE SECTION.
01   auswahl-ein PIC 9 VALUE 0.
     88  ende VALUE 0.
01   fehler-feld PIC 9 VALUE 0.
     88  fehler VALUE 1.
     88  kein-fehler VALUE 0.
```

```
PROCEDURE DIVISION.
ablauf.
    PERFORM WITH TEST AFTER UNTIL ende
        DISPLAY SPACES
        DISPLAY SPACES
        DISPLAY "Ende der Verarbeitung:        (0)"
        DISPLAY "Ausgabe eines Satzbereichs:    (1)"
        DISPLAY "Ausgabe eines einzelnen Satzes: (2)"
        DISPLAY SPACES
        DISPLAY "triff eine Auswahl (0/1/2)'' WITH NO ADVANCING
        ACCEPT auswahl-ein
        IF NOT ende
          THEN CALL "prog14a.exe" USING
                    BY CONTENT auswahl-ein
                    BY REFERENCE fehler-feld
                IF fehler
                  THEN DISPLAY "falsche Eingabe!"
                       SET kein-fehler TO TRUE
                END-IF
        END-IF
    END-PERFORM
    STOP RUN.
```

8.11　Das Unterprogramm "prog14a"

Das vom Hauptprogramm durch die CALL-Anweisung

```
CALL "prog14a.exe" USING BY CONTENT auswahl-ein
                         BY REFERENCE fehler-feld
```

aufgerufene Unterprogramm "prog14a" muß den innerhalb des Parameters "auswahl-ein" enthaltenen Eingabewert überprüfen und das jeweils gewünschte Unterprogramm – "prog7a" bzw. "prog8a" – aufrufen. Sofern ein fehlerhafter Eingabewert festgestellt wird, ist dies im Parameter "fehler-feld" durch den Wert 1 mitzuteilen.

Somit geben wir das Unterprogramm "prog14a" wie folgt an:

```
IDENTIFICATION DIVISION.
PROGRAM-ID.
    prog14a.
DATA DIVISION.
LINKAGE SECTION.
01  auswahl-ein-up PIC 9.
    88  satz-bereich VALUE 1.
    88  einzelner-satz VALUE 2.
01  fehler-feld-up PIC 9.
    88  fehler VALUE 1.
PROCEDURE DIVISION USING auswahl-ein-up fehler-feld-up.
ablauf.
    EVALUATE TRUE
        WHEN satz-bereich     CALL "prog7a.exe"
        WHEN einzelner-satz   CALL "prog8a.exe"
        WHEN OTHER            SET fehler TO TRUE
    END-EVALUATE
    EXIT PROGRAM.
```

Zu den formalen Parametern "auswahl-ein-up" und "fehler-feld-up", die in
der Form

```
PROCEDURE DIVISION USING auswahl-ein-up fehler-feld-up.
```

vereinbart sind, haben wir innerhalb der LINKAGE SECTION geeignete
Datenfeld-Beschreibungen angegeben. Da für den Parameter "fehler-feld-
up" durch den Unterprogrammaufruf ein schreibender Zugriff festgelegt ist,
wird der aktuelle Wert von "fehler-feld-up" – beim Rücksprung in das
rufende Programm "prog14" – in das korrespondierende Feld "fehler-feld"
übertragen. Dagegen wird der Wert von "auswahl-ein-up" beim Rücksprung
nicht dem Feld "auswahl-ein" zugewiesen, da für diesen Parameter *nur* ein
lesender Zugriff erlaubt ist.

Hinweis: Ein Parameter, für den ein lesender Zugriff festgelegt ist, läßt sich innerhalb des
aufgerufenen Programms trotzdem verändern. Es wird einzig und allein *verhindert*, daß
diese Änderung in das rufende Programm übernommen wird.

8.12   Speicherplatzmangel

Bei der Arbeit mit Mikrocomputern ist zu berücksichtigen, daß wegen einer
eventuell beschränkten Hauptspeicherkapazität der Fall eintreten kann, daß
sich ein durch eine CALL-Anweisung gerufenes Unterprogramm *nicht* in den
Hauptspeicher laden läßt. Um zu verhindern, daß in dieser Situation die
Programmausführung mit einer Fehlermeldung abgebrochen wird, muß die
CALL-Anweisung wie folgt durch eine *ON EXCEPTION-Klausel* ergänzt
werden:

```
CALL  { "unterprogramm-dateiname" | bezeichner-1 } USING
        [ { BY REFERENCE | BY CONTENT } ]
              bezeichner-2 [ bezeichner-3 ]...
      [ [ { BY REFERENCE | BY CONTENT } ]
              bezeichner-4 [ bezeichner-5 ]... ]...

ON EXCEPTION exception-teil

END-CALL
```

In diesem Fall ist die CALL-Anweisung mit dem Schlüsselwort *END-CALL*
abzuschließen. Zwischen diesem Schlüsselwort und den Schlüsselwörtern *ON
EXCEPTION* sind Anweisungen in den *Exception-Teil* einzutragen, durch
welche die Ausgabe einer geeigneten Meldung erfolgt. Zusätzlich sollte z.B.
ein Indikatorfeld mit einem Wert besetzt werden, über den sich anschließend
feststellen läßt, ob ein Hauptspeicherengpaß vorlag oder nicht.

Hinweis: Eventuell läßt sich durch den Einsatz der CANCEL-Anweisung genügend viel
Speicher freimachen, so daß ein erneuter Unterprogrammaufruf erfolgreich ablaufen kann.

8.13   Aufgaben

Aufgabe 11:

Die Aufgabe 2 (siehe Abschnitt 1.16) ist so zu lösen, daß die Programmlösung
"loes1" von Aufgabe 1 (siehe Abschnitt 1.16) in den Lösungsplan übernommen und durch einen Unterprogrammaufruf zur Ausführung gebracht wird!

Anhang

A.1 Reservierte COBOL-Wörter

Die folgenden Wörter sind im Sprachstandard *COBOL-85* reserviert:

ACCEPT	CHARACTER	DEBUG-CONTENTS	END-IF
ACCESS	CHARACTERS	DEBUG-ITEM	END-MULTIPLY
ADD	CLASS	DEBUG-LINE	END-OF-PAGE
ADVANCING	CLOCK-UNITS	DEBUG-NAME	END-PERFORM
AFTER	CLOSE	DEBUG-SUB-1	END-READ
ALL	COBOL	DEBUG-SUB-2	END-RECEIVE
ALPHABET	CODE	DEBUG-SUB-3	END-RETURN
ALPHABETIC	CODE-SET	DEBUGGING	END-REWRITE
ALPHABETIC-LOWER	COLLATING	DECIMAL-POINT	END-SEARCH
ALPHABETIC-UPPER	COLUMN	DECLARATIVES	END-START
ALPHANUMERIC	COMMA	DELETE	END-STRING
ALPHANUMERIC-EDITED	COMMON	DELIMITED	END-SUBTRACT
ALSO	COMMUNICATION	DELIMITER	END-UNSTRING
ALTER	COMP	DEPENDING	END-WRITE
ALTERNATE	COMPUTATIONAL	DESCENDING	ENTER
AND	COMPUTE	DESTINATION	ENVIRONMENT
ANY	CONFIGURATION	DETAIL	EOP
ARE	CONTAINS	DISABLE	EQUAL
AREA	CONTENT	DISPLAY	ERROR
AREAS	CONTINUE	DIVIDE	ESI
ASCENDING	CONTROL	DIVISION	EVALUATE
ASSIGN	CONTROLS	DOWN	EVERY
AT	CONVERTING	DUPLICATES	EXCEPTION
AUTHOR	COPY	DYNAMIC	EXIT
BEFORE	CORR	EGI	EXTEND
BINARY	CORRESPONDING	ELSE	EXTERNAL
BLANK	COUNT	EMI	FALSE
BLOCK	CURRENCY	ENABLE	FD
BOTTOM	DATA	END	FILE
BY	DATE	END-ADD	FILE-CONTROL
CALL	DATE-COMPILED	END-CALL	FILLER
CANCEL	DATE-WRITTEN	END-COMPUTE	FINAL
CD	DAY	END-DELETE	FIRST
CF	DAY-OF-WEEK	END-DIVIDE	FOOTING
CH	DE	END-EVALUATE	FOR

FROM	LINAGE-COUNTER	PAGE	REPORTING
GENERATE	LINE	PAGE-COUNTER	REPORTS
GIVING	LINE-COUNTER	PERFORM	RERUN
GLOBAL	LINES	PF	RESERVE
GO	LINKAGE	PH	RESET
GREATER	LOCK	PIC	RETURN
GROUP	LOW-VALUE	PICTURE	REVERSED
HEADING	LOW-VALUES	PLUS	REWIND
HIGH-VALUE	MEMORY	POINTER	REWRITE
HIGH-VALUES	MERGE	POSITION	RF
I-O	MESSAGE	POSITIVE	RH
I-O-CONTROL	MODE	PRINTING	RIGHT
IDENTIFICATION	MODULES	PROCEDURE	ROUNDED
IF	MOVE	PROCEDURES	RUN
IN	MULTIPLE	PROCEED	SAME
INDEX	MULTIPLY	PROGRAM	SD
INDEXED	NATIVE	PROGRAM-ID	SEARCH
INDICATE	NEGATIVE	PURGE	SECTION
INITIAL	NEXT	QUEUE	SECURITY
INITIALIZE	NO	QUOTE	SEGMENT
INITIATE	NOT	QUOTES	SEGMENT-LIMIT
INPUT	NUMBER	RANDOM	SELECT
INPUT-OUTPUT	NUMERIC	RD	SEND
INSPECT	NUMERIC-EDITED	READ	SENTENCE
INSTALLATION	OBJECT-COMPUTER	RECEIVE	SEPARATE
INTO	OCCURS	RECORD	SEQUENCE
INVALID	OF	RECORDS	SEQUENTIAL
IS	OFF	REDEFINES	SET
JUST	OMITTED	REEL	SIGN
JUSTIFIED	ON	REFERENCE	SIZE
KEY	OPEN	REFERENCES	SORT
LABEL	OPTIONAL	RELATIVE	SORT-MERGE
LAST	OR	RELEASE	SOURCE
LEADING	ORDER	RELOAD	SOURCE-COMPUTER
LEFT	ORGANIZATION	REMAINDER	SPACE
LENGTH	OTHER	REMOVAL	SPACES
LESS	OUTPUT	RENAMES	SPECIAL-NAMES
LIMIT	OVERFLOW	REPLACE	STANDARD
LIMITS	PACKED-DECIMAL	REPLACING	STANDARD-1
LINAGE	PADDING	REPORT	STANDARD-2

START	TABLE	TO	USING
STATUS	TALLYING	TOP	VALUE
STOP	TAPE	TRAILING	VALUES
STRING	TERMINAL	TRUE	VARYING
SUB-QUEUE-1	TERMINATE	TYPE	WHEN
SUB-QUEUE-2	TEST	UNIT	WITH
SUB-QUEUE-3	TEXT	UNSTRING	WORDS
SUBTRACT	THAN	UNTIL	WORKING-STORAGE
SUM	THEN	UP	WRITE
SUPPRESS	THROUGH	UPON	ZERO
SYMBOLIC	THRU	USAGE	ZEROES
SYNC	TIME	USE	ZEROS
SYNCHRONIZED	TIMES		

In Abhängigkeit vom jeweils verwendeten Kompilierer sind eventuell weitere reservierte COBOL-Wörter zu berücksichtigen. Für den Sprachumfang von *VS COBOL*, der z.B. von den Firmen Micro Focus und Microsoft angeboten wird, gehören – neben den im Sprachstandard *COBOL-85* reservierten Wörtern – die folgenden Wörter zu den reservierten COBOL-Wörtern:

ACTUAL	C06	COMP-5	DISPLAY-1
ADDRESS	C07	COMP-X	EGCS
APPLY	C08	COMPUTATIONAL-0	EJECT
AREA-VALUE	C09	COMPUTATIONAL-1	EMPTY-CHECK
AUTO	C10	COMPUTATIONAL-3	END-ACCEPT
AUTO-SKIP	C11	COMPUTATIONAL-4	ENDING
AUTOMATIC	C12	COMPUTATIONAL-5	ENTRY
BACKGROUND-COLOR	CBL	COMPUTATIONAL-X	ERASE
BACKGROUND-COLOUR	CHAIN	CONSOLE	ESCAPE
BACKWARD	CHAINING	CONTAINED	EXAMINE
BEEP	CHANGED	CORE-INDEX	EXCESS-3
BEGINNING	COL	CRT	EXCLUSIVE
BELL	COM-REG	CRT-UNDER	EXEC
BLINK	COMMAND-LINE	CSP	EXECUTE
C01	COMMIT	CURRENT-DATE	EXHIBIT
C02	COMP-0	CURSOR	FILE-ID
C03	COMP-1	DISK	FILE-LIMIT
C04	COMP-3	DISP	FILE-LIMITS
C05	COMP-4	DISPLAY-ST	FIXED

FOREGROUND-COLOR	OTHERWISE	RIGHT-JUSTIFY	SYSLIST
FOREGROUND-COLOUR	OVERLINE	ROLLBACK	SYSLST
FULL	PALETTE	S01	SYSOUT
GOBACK	PASSWORD	S02	SYSPNCH
GRID	POSITIONING	SCREEN	SYSPUNCH
HIGHLIGHT	PREVIOUS	SECURE	TALLY
ID	PRINT-SWITCH	SEEK	TIME-OF-DAY
INSERT	PRINTER	SELECTIVE	TITLE
JAPANESE	PRINTER-1	SERVICE	TOTALED
KEPT	PROCESSING	SKIP1	TOTALING
KEYBOARD	PROMPT	SKIP2	TRACE
LEAVE	PROTECTED	SKIP3	TRACE-AREA
LEFT-JUSTIFY	RANGE	SORT-CONTROL	TRACE-LIMIT
LEFTLINE	READY	SORT-CORE-SIZE	TRACKS
LENGTH-CHECK	RECORD-OVERFLOW	SORT-FILE-SIZE	TRAILING-SIGN
MANUAL	RECORDING	SORT-MESSAGE	TRANSFORM
MORE-LABELS	RELOAD	SORT-MODE-SIZE	UNDERLINE
NAME	REMARKS	SORT-RETURN	UNLOCK
NAMED	REORG-CRITERIA	SPACE-FILL	UPDATE
NO-ECHO	REQUIRED	STORE	USER
NOMINAL	REREAD	SUBPROGRAM	VARIABLE
NOTE	RESET	SUPPRESS	WHEN-COMPILED
NULL	RETURN-CODE	SYSIN	WRITE-ONLY
NULLS	REVERSE-VIDEO	SYSIPT	ZERO-FILL

Welche dieser Wörter als reservierte Wörter zu betrachten sind, läßt sich durch eine Sprachdirektive beim Aufruf des Kompilierers festlegen.

Um zu verhindern, daß ein reserviertes COBOL-Wort irrtümlich als Bezeichner benutzt wird, sollte keines der oben angegebenen Wörter verwendet werden. Um ganz sicher zu gehen, sollte man sich vor dem Entwurf eines COBOL-Programms über die reservierten Wörter informieren, die vom jeweiligen Hersteller zusätzlich vereinbart sind.

Lösungsteil

Im folgenden geben wir Lösungen für die gestellten Aufgaben an. Dabei können die angegebenen Programme immer nur Beispiele für mögliche Lösungen sein. Die Richtigkeit der vom Leser entwickelten Aufgabenlösungen läßt sich dadurch prüfen, daß ein entsprechendes COBOL-Programm erstellt und zur Ausführung gebracht wird.

Aufgabe 1 (S. 38)

```
IDENTIFICATION DIVISION.
PROGRAM-ID.
    loes1.
ENVIRONMENT DIVISION.
CONFIGURATION SECTION.
SPECIAL-NAMES.
    DECIMAL-POINT IS COMMA.
INPUT-OUTPUT SECTION.
FILE-CONTROL.
    SELECT vertreter-datei ASSIGN TO "vrtrtr.txt"
           ORGANIZATION IS LINE SEQUENTIAL.
DATA DIVISION.
FILE SECTION.
FD  vertreter-datei.
01  vertreter-satz.
    02  vertreternummer PIC 9(4).
    02  vertretername   PIC X(30).
    02  provision       PIC 9V99.
WORKING-STORAGE SECTION.
01  vertreternummer-ein PIC 9(4).
01  vertretername-ein   PIC X(30).
01  provision-ein       PIC 9V99.
01  vorhanden-ein PIC X.
    88  nicht-vorhanden VALUE "J".
01  ende-ein PIC X.
    88  ende VALUE "j" "J".
PROCEDURE DIVISION.
ablauf.
    DISPLAY
       "Ist die Vertreter-Datei bereits vorhanden?(J/N): "
       WITH NO ADVANCING
    ACCEPT vorhanden-ein
    IF nicht-vorhanden
       THEN OPEN OUTPUT vertreter-datei
       ELSE OPEN EXTEND vertreter-datei
    END-IF
```

```
        PERFORM WITH TEST AFTER UNTIL ende
            DISPLAY "Vertreternummer: " WITH NO ADVANCING
            ACCEPT vertreternummer-ein
            DISPLAY "Vertretername:   " WITH NO ADVANCING
            ACCEPT vertretername-ein
            DISPLAY "Provision: " WITH NO ADVANCING
            ACCEPT provision-ein
            DISPLAY "Ende?(j/J):"       WITH NO ADVANCING
            ACCEPT ende-ein
            MOVE vertreternummer-ein TO vertreternummer
            MOVE vertretername-ein   TO vertretername
            MOVE provision-ein       TO provision
            WRITE vertreter-satz
        END-PERFORM
        CLOSE vertreter-datei
        STOP RUN.
```

Aufgabe 2 (S. 38)

```
IDENTIFICATION DIVISION.
PROGRAM-ID.
    loes2.
ENVIRONMENT DIVISION.
CONFIGURATION SECTION.
SPECIAL-NAMES.
    DECIMAL-POINT IS COMMA.
INPUT-OUTPUT SECTION.
FILE-CONTROL.
    SELECT vertreter-datei ASSIGN TO "vrtrtr.txt"
           ORGANIZATION IS LINE SEQUENTIAL.
    SELECT umsatz-datei ASSIGN TO "umsatz.txt"
           ORGANIZATION IS LINE SEQUENTIAL.
DATA DIVISION.
FILE SECTION.
FD  vertreter-datei.
01  vertreter-satz.
    02  vertreternummer-in-vertreter PIC 9(4).
    02  vertretername               PIC X(30).
    02  provision                   PIC 9V99.
FD  umsatz-datei.
01  umsatz-satz.
    02  nummer.
        03  vertreternummer-in-umsatz PIC 9(4).
        03  auftragsnummer          PIC 9(3).
    02  artikelnummer   PIC 99.
    02  anzahl          PIC 999.
WORKING-STORAGE SECTION.
01  vertreternummer-ein PIC 9(4).
```

```cobol
01  vertretername-ein    PIC X(30).
01  provision-ein        PIC 9V99.
01  auftragsnummer-ein   PIC 9(3).
01  artikelnummer-ein    PIC 99.
01  anzahl-ein           PIC 999.
01  vorhanden-ein PIC X.
    88  nicht-vorhanden VALUE "J".
01  ende-ein PIC X.
    88  ende VALUE "j" "J".
01  erfassen-vertreterdaten-ein PIC X.
    88  erfassen-vertreterdaten VALUE "j" "J".
01  erfassen-umsatzdaten-ein PIC X.
    88  erfassen-umsatzdaten VALUE "j" "J".
PROCEDURE DIVISION.
ablauf.
    DISPLAY
       "Sollen Vertreterdaten eingelesen werden?(J/N): "
       WITH NO ADVANCING
    ACCEPT erfassen-vertreterdaten-ein
    IF erfassen-vertreterdaten
       THEN
            DISPLAY "Ist die Vertreter-Datei bereits vorhanden?(J/N): "
                    WITH NO ADVANCING
            ACCEPT vorhanden-ein
            IF nicht-vorhanden
               THEN OPEN OUTPUT vertreter-datei
               ELSE OPEN EXTEND vertreter-datei
            END-IF
            PERFORM WITH TEST AFTER UNTIL ende
                DISPLAY "Vertreternummer: " WITH NO ADVANCING
                ACCEPT vertreternummer-ein
                DISPLAY "Vertretername:   " WITH NO ADVANCING
                ACCEPT vertretername-ein
                DISPLAY "Provision:  " WITH NO ADVANCING
                ACCEPT provision-ein
                DISPLAY "Ende?(j/J):"      WITH NO ADVANCING
                ACCEPT ende-ein
                MOVE vertreternummer-ein TO
                        vertreternummer-in-vertreter
                MOVE vertretername-ein   TO vertretername
                MOVE provision-ein       TO provision
                WRITE vertreter-satz
            END-PERFORM
            CLOSE vertreter-datei
    END-IF
    DISPLAY
       "Sollen Umsatzdaten eingelesen werden?(J/N): "
       WITH NO ADVANCING
    ACCEPT erfassen-umsatzdaten-ein
```

```
        IF erfassen-umsatzdaten
            THEN
                DISPLAY
                    "Ist die Umsatz-Datei bereits vorhanden?(J/N): "
                    WITH NO ADVANCING
                ACCEPT vorhanden-ein
                IF nicht-vorhanden
                    THEN OPEN OUTPUT umsatz-datei
                    ELSE OPEN EXTEND umsatz-datei
                END-IF
                PERFORM WITH TEST AFTER UNTIL ende
                    DISPLAY "Vertreternummer:  " WITH NO ADVANCING
                    ACCEPT vertreternummer-ein
                    DISPLAY "Auftragsnummer:   " WITH NO ADVANCING
                    ACCEPT auftragsnummer-ein
                    DISPLAY "Artikelnummer:    " WITH NO ADVANCING
                    ACCEPT artikelnummer-ein
                    DISPLAY "Anzahl:           " WITH NO ADVANCING
                    ACCEPT anzahl-ein
                    DISPLAY "Ende?(j/J):"       WITH NO ADVANCING
                    ACCEPT ende-ein
                    MOVE vertreternummer-ein TO
                            vertreternummer-in-umsatz
                    MOVE auftragsnummer-ein  TO auftragsnummer
                    MOVE artikelnummer-ein   TO artikelnummer
                    MOVE anzahl-ein          TO anzahl
                    WRITE umsatz-satz
                END-PERFORM
                CLOSE umsatz-datei
        END-IF
        STOP RUN.
```

Aufgabe 3 (S. 66)

```
IDENTIFICATION DIVISION.
PROGRAM-ID.
    loes3.
ENVIRONMENT DIVISION.
CONFIGURATION SECTION.
SPECIAL-NAMES.
    DECIMAL-POINT IS COMMA.
INPUT-OUTPUT SECTION.
FILE-CONTROL.
    SELECT umsatz-datei ASSIGN TO "umsatz.txt"
            ORGANIZATION IS LINE SEQUENTIAL.
DATA DIVISION.
FILE SECTION.
FD  umsatz-datei.
```

```cobol
01  umsatz-satz.
    02  nummer.
        03  vertreternummer PIC 9(4).
        03  auftragsnummer  PIC 9(3).
    02  artikelnummer       PIC 99.
    02  anzahl              PIC 999.
WORKING-STORAGE SECTION.
01  datei-ende-feld PIC 9 VALUE 0.
    88  datei-ende VALUE 1.
01  zeilenzahl PIC 99 VALUE 3.
    88  neue-seite VALUE 3.
01  zeile-ws.
    02  FILLER              PIC X(6)  VALUE SPACES.
    02  vertreternummer-aus PIC 9(4).
    02  FILLER              PIC X(13) VALUE SPACES.
    02  auftragsnummer-aus  PIC 9(3).
    02  FILLER              PIC X(13) VALUE SPACES.
    02  artikelnummer-aus   PIC 99.
    02  FILLER              PIC X(9)  VALUE SPACES.
    02  anzahl-aus          PIC ZZ9.
    02  FILLER              PIC X     VALUE SPACES.
01  ueberschrift-zeile-1    PIC X(54) VALUE
    "Vertreternummer Auftragsnummer Artikelnummer Anzahl".
01  ueberschrift-zeile-2.
    02  FILLER PIC X(15) VALUE ALL "-".
    02  FILLER PIC XX    VALUE SPACES.
    02  FILLER PIC X(14) VALUE ALL "-".
    02  FILLER PIC XX    VALUE SPACES.
    02  FILLER PIC X(13) VALUE ALL "-".
    02  FILLER PIC XX    VALUE SPACES.
    02  FILLER PIC X(6 ) VALUE ALL "-".
01  dummy-ein PIC X.
01  anfang-feld PIC 9 VALUE 1.
    88  anfang VALUE 1.
    88  kein-anfang VALUE 0.
01  ueberschrifts-art-ein PIC 9.
    88  keine-ueberschrift VALUE 0.
    88  ueberschrift-ohne-leerzeile VALUE 1.
    88  ueberschrift-mit-leerzeile VALUE 2.
PROCEDURE DIVISION.
ablauf.
    OPEN INPUT umsatz-datei
    DISPLAY SPACES
    DISPLAY "Ueberschriften entfallen      (0)"
    DISPLAY "Ueberschriften ohne Leerzeile (1)"
    DISPLAY "Ueberschriften mit Leerzeile  (2)"
    DISPLAY SPACES
    DISPLAY "triff eine Auswahl (0/1/2):"
            WITH NO ADVANCING
```

```
        ACCEPT ueberschrifts-art-ein
        READ umsatz-datei
            AT END SET datei-ende TO TRUE
        END-READ
        PERFORM WITH TEST BEFORE UNTIL datei-ende
            IF neue-seite
                THEN PERFORM ueberschrift
            END-IF
            MOVE vertreternummer TO vertreternummer-aus
            MOVE auftragsnummer  TO auftragsnummer-aus
            MOVE artikelnummer   TO artikelnummer-aus
            MOVE anzahl          TO anzahl-aus
            COMPUTE zeilenzahl = zeilenzahl + 1
            DISPLAY zeile-ws
            READ umsatz-datei
                AT END SET datei-ende TO TRUE
            END-READ
        END-PERFORM
        CLOSE umsatz-datei
        STOP RUN.
    ueberschrift.
        EVALUATE TRUE
            WHEN keine-ueberschrift PERFORM ueberschrift-0
            WHEN ueberschrift-ohne-leerzeile
                                    PERFORM ueberschrift-0
                                    THRU    ueberschrift-1
            WHEN ueberschrift-mit-leerzeile
                                    PERFORM ueberschrift-0
                                    THRU    ueberschrift-2
            WHEN OTHER              PERFORM ueberschrift-0
        END-EVALUATE.
    ueberschrift-0.
        IF anfang
          THEN
            SET kein-anfang TO TRUE
          ELSE
            DISPLAY "weitere Ausgabe durch Druck einer Taste!"
            ACCEPT dummy-ein
        END-IF
        MOVE 0 TO zeilenzahl.
    ueberschrift-1.
        DISPLAY ueberschrift-zeile-1
        DISPLAY ueberschrift-zeile-2.
    ueberschrift-2.
        DISPLAY SPACES.
```

Aufgabe 4 (S. 90)

Lösung ohne Einsatz der SCREEN SECTION:

```
IDENTIFICATION DIVISION.
PROGRAM-ID.
    loes4a.
ENVIRONMENT DIVISION.
CONFIGURATION SECTION.
SPECIAL-NAMES.
    DECIMAL-POINT IS COMMA.
INPUT-OUTPUT SECTION.
FILE-CONTROL.
    SELECT umsatz-datei ASSIGN TO "umsatz.txt"
           ORGANIZATION IS LINE SEQUENTIAL.
DATA DIVISION.
FILE SECTION.
FD  umsatz-datei.
01  umsatz-satz.
    02  nummer.
        03  vertreternummer PIC 9(4).
        03  auftragsnummer  PIC 9(3).
    02  artikelnummer       PIC 99.
    02  anzahl              PIC 999.
WORKING-STORAGE SECTION.
01  vorhanden-ein PIC X.
    88  vorhanden VALUE "j" "J".
01  bildschirm-aus.
    02  artikelnummer-feld  PIC X(22)
                VALUE "Vertreternummer:<    >".
    02  FILLER              PIC X(2).
    02  auftragsnummer-feld PIC X(20)
                VALUE "Auftragsnummer:<   >".
    02  FILLER              PIC X(2).
    02  artikelnummer-feld  PIC X(18)
                VALUE "Artikelnummer:<  >".
    02  FILLER              PIC X(2).
    02  anzahl-feld         PIC X(12)
                VALUE "Anzahl:<   >".
    02  FILLER              PIC X(82).
    02  ende-feld           PIC X(13)
                VALUE "Ende(j/J):< >".
    02  FILLER              PIC X(67).
01  bildschirm-ein.
    02  FILLER              PIC X(17).
    02  vertreternummer-ein PIC 9(4).
    02  FILLER              PIC X(19).
    02  auftragsnummer-ein  PIC 9(3).
    02  FILLER              PIC X(18).
```

```cobol
          02    artikelnummer-ein      PIC 99.
          02    FILLER                 PIC X(11).
          02    anzahl-ein             PIC 9(3).
          02    FILLER                 PIC X(94).
          02    ende-ein               PIC X.
                88 ende VALUE "J" "j".
          02    FILLER                 PIC X(68).
  PROCEDURE DIVISION.
  ablauf.
      DISPLAY
         "Ist die Umsatz-Datei bereits vorhanden?(J/N): "
         WITH NO ADVANCING
      ACCEPT vorhanden-ein
      IF vorhanden
          THEN OPEN EXTEND umsatz-datei
          ELSE OPEN OUTPUT umsatz-datei
      END-IF
          DISPLAY SPACES UPON CRT
          DISPLAY bildschirm-aus AT 0301 UPON CRT
      PERFORM WITH TEST AFTER UNTIL ende
          MOVE " " TO bildschirm-ein
          ACCEPT bildschirm-ein AT 0301 FROM CRT
          MOVE vertreternummer-ein TO  vertreternummer
          MOVE artikelnummer-ein   TO  artikelnummer
          MOVE auftragsnummer-ein  TO  auftragsnummer
          MOVE anzahl-ein          TO  anzahl
          WRITE umsatz-satz
      END-PERFORM
      DISPLAY SPACES UPON CRT
      CLOSE umsatz-datei
      STOP RUN.
```

Lösung mit Einsatz der SCREEN SECTION:

```cobol
  IDENTIFICATION DIVISION.
  PROGRAM-ID.
      loes4b.
  ENVIRONMENT DIVISION.
  CONFIGURATION SECTION.
  SPECIAL-NAMES.
      DECIMAL-POINT IS COMMA.
  INPUT-OUTPUT SECTION.
  FILE-CONTROL.
      SELECT umsatz-datei ASSIGN TO "umsatz.txt"
             ORGANIZATION IS LINE SEQUENTIAL.
```

```
DATA DIVISION.
FILE SECTION.
FD  umsatz-datei.
01  umsatz-satz.
    02  nummer.
        03  vertreternummer PIC 9(4).
        03  auftragsnummer  PIC 9(3).
    02  artikelnummer       PIC 99.
    02  anzahl              PIC 999.
WORKING-STORAGE SECTION.
01  vorhanden-ein PIC X.
    88  vorhanden VALUE "j" "J".
01  bildschirm-felder.
    02  vertreternummer-ein PIC 9(4).
    02  artikelnummer-ein   PIC 99.
    02  auftragsnummer-ein  PIC 9(3).
    02  anzahl-ein          PIC 999.
    02  ende-ein PIC X.
        88 ende VALUE "J" "j".
SCREEN SECTION.
01  bildschirm-aus.
    02  LINE 03 COL 03 VALUE "Vertreternummer:<     >".
    02  LINE 03 COL 27 VALUE "Auftragsnummer:<    >".
    02  LINE 03 COL 49 VALUE "Artikelnummer:< >".
    02  LINE 03 COL 69 VALUE "Anzahl:<    >".
    02  LINE 05 COL 03 VALUE "Ende(j/J):< >".
01  bildschirm-ein.
    02  LINE 03 COL 20 PIC 9(4) USING vertreternummer-ein AUTO.
    02  LINE 03 COL 43 PIC 999  USING auftragsnummer-ein AUTO.
    02  LINE 03 COL 64 PIC 99   USING artikelnummer-ein AUTO.
    02  LINE 03 COL 77 PIC 999  USING artikelnummer-ein AUTO.
    02  LINE 05 COL 14 PIC X    USING ende-ein.
PROCEDURE DIVISION.
ablauf.
    DISPLAY
        "Ist die Umsatz-Datei bereits vorhanden?(J/N): "
        WITH NO ADVANCING
    ACCEPT vorhanden-ein
    IF vorhanden
        THEN OPEN EXTEND umsatz-datei
        ELSE OPEN OUTPUT umsatz-datei
    END-IF
        DISPLAY SPACES UPON CRT
        DISPLAY bildschirm-aus
    PERFORM WITH TEST AFTER UNTIL ende
        MOVE " " TO bildschirm-felder
        DISPLAY bildschirm-ein
        ACCEPT bildschirm-ein
        MOVE vertreternummer-ein TO vertreternummer
```

```
        MOVE auftragsnummer-ein  TO auftragsnummer
        MOVE artikelnummer-ein   TO artikelnummer
        MOVE anzahl              TO anzahl
        WRITE umsatz-satz
    END-PERFORM
    DISPLAY SPACES UPON CRT
    CLOSE umsatz-datei
    STOP RUN.
```

Aufgabe 5 (S. 101)

```
IDENTIFICATION DIVISION.
PROGRAM-ID.
    loes5.
ENVIRONMENT DIVISION.
CONFIGURATION SECTION.
OBJECT-COMPUTER.
    workstation
    PROGRAM COLLATING SEQUENCE IS sortierfolge.
SPECIAL-NAMES.
    DECIMAL-POINT IS COMMA
    ALPHABET sortierfolge IS NATIVE.
INPUT-OUTPUT SECTION.
FILE-CONTROL.
    SELECT umsatz-datei ASSIGN TO "umsatz.txt"
        ORGANIZATION IS LINE SEQUENTIAL.
    SELECT umsatz-sortiert-datei ASSIGN TO "umsatzso.txt"
        ORGANIZATION IS LINE SEQUENTIAL.
    SELECT sort-datei ASSIGN TO "sort.txt".
DATA DIVISION.
FILE SECTION.
FD  umsatz-datei.
01  FILLER PIC X(12).
FD  umsatz-sortiert-datei.
01  FILLER PIC X(12).
SD  sort-datei.
01  sort-satz.
    02  vertreternummer PIC 9(4).
    02  auftragsnummer  PIC 9(3).
    02  FILLER          PIC X(5).
PROCEDURE DIVISION.
ablauf.
    SORT sort-datei
        ASCENDING KEY vertreternummer auftragsnummer
        COLLATING SEQUENCE IS sortierfolge
        USING umsatz-datei
        GIVING umsatz-sortiert-datei
    STOP RUN.
```

Aufgabe 6 (S. 154)

```
IDENTIFICATION DIVISION.
PROGRAM-ID.
   loes6.
ENVIRONMENT DIVISION.
INPUT-OUTPUT SECTION.
FILE-CONTROL.
    SELECT umsatz-sortiert-datei ASSIGN TO "umsatzso.txt"
            ORGANIZATION IS LINE SEQUENTIAL.
    SELECT umsatz-datei-ind ASSIGN TO "umsatz.ind"
            ORGANIZATION IS INDEXED
            ACCESS MODE IS SEQUENTIAL
            RECORD KEY IS nummer-ind.
DATA DIVISION.
FILE SECTION.
FD  umsatz-sortiert-datei.
01  FILLER PIC X(12).
FD  umsatz-datei-ind.
01  umsatz-satz-ind.
    02  nummer-ind          PIC X(7).
    02  FILLER              PIC X(5).
WORKING-STORAGE SECTION.
01  datei-ende-feld PIC 9 VALUE 0.
    88  datei-ende VALUE 1.
01  fehler-feld PIC 9 VALUE 0.
    88  fehler VALUE 1.
PROCEDURE DIVISION.
ablauf.
    OPEN INPUT umsatz-sortiert-datei OUTPUT umsatz-datei-ind
    READ umsatz-sortiert-datei INTO umsatz-satz-ind
        AT END SET datei-ende TO TRUE
    END-READ
    PERFORM WITH TEST BEFORE UNTIL datei-ende OR fehler
       WRITE umsatz-satz-ind
         INVALID KEY DISPLAY "moeglicher Fehler: Satz doppelt!"
                     MOVE 1 TO fehler-feld
       END-WRITE
       READ umsatz-sortiert-datei INTO umsatz-satz-ind
         AT END SET datei-ende TO TRUE
       END-READ
    END-PERFORM
    CLOSE umsatz-sortiert-datei umsatz-datei-ind
    STOP RUN.
```

Aufgabe 7 (S. 154)

```
IDENTIFICATION DIVISION.
PROGRAM-ID.
    loes7.
ENVIRONMENT DIVISION.
CONFIGURATION SECTION.
SPECIAL-NAMES.
    DECIMAL-POINT IS COMMA.
INPUT-OUTPUT SECTION.
FILE-CONTROL.
    SELECT umsatz-datei-ind ASSIGN TO "umsatz.ind"
           ORGANIZATION IS INDEXED
           ACCESS MODE IS RANDOM
           RECORD KEY IS nummer-ind.
DATA DIVISION.
FILE SECTION.
FD  umsatz-datei-ind.
01  umsatz-satz-ind.
    02  nummer-ind.
        03  vertreternummer-ind PIC X(4).
        03  auftragsnummer-ind  PIC XXX.
    02  artikelnummer-ind PIC 99.
    02  anzahl-ind        PIC 999.
WORKING-STORAGE SECTION.
01  anzahl-aus         PIC ZZ9.
01  ende-ein PIC X.
    88  ende VALUE "j" "J".
01  fehler-signal-feld PIC 9 VALUE 0.
    88  nummer-falsch VALUE 1.
    88  nummer-ok VALUE 0.
PROCEDURE DIVISION.
ablauf.
    OPEN INPUT umsatz-datei-ind
    PERFORM WITH TEST AFTER UNTIL ende
        DISPLAY "Vertreternummer:" WITH NO ADVANCING
        ACCEPT vertreternummer-ind
        DISPLAY "Auftragsnummer:" WITH NO ADVANCING
        ACCEPT auftragsnummer-ind
        READ umsatz-datei-ind
            INVALID KEY
                DISPLAY
                  "Nummer nicht im Bestand enthalten!"
                SET nummer-falsch TO TRUE
        END-READ
        PERFORM ausgabe
        DISPLAY SPACES
        DISPLAY "Ende?(j/J):" WITH NO ADVANCING
        ACCEPT ende-ein
```

```
        DISPLAY SPACES
    END-PERFORM
    CLOSE umsatz-datei-ind
    STOP RUN.
ausgabe.
    IF nummer-falsch
       THEN
          SET nummer-ok TO TRUE
       ELSE
          DISPLAY "Artikelnummer:" artikelnummer-ind
          MOVE anzahl-ind TO anzahl-aus
          DISPLAY "Anzahl:" anzahl-aus
    END-IF.
```

Aufgabe 8 (S. 154)

```
IDENTIFICATION DIVISION.
PROGRAM-ID.
    loes8.
ENVIRONMENT DIVISION.
CONFIGURATION SECTION.
SPECIAL-NAMES.
    CONSOLE IS CRT.
INPUT-OUTPUT SECTION.
FILE-CONTROL.
    SELECT umsatz-datei-ind ASSIGN TO "umsatz.ind"
    ORGANIZATION IS INDEXED
    ACCESS IS DYNAMIC
    RECORD KEY IS nummer-ind.
DATA DIVISION.
FILE SECTION.
FD  umsatz-datei-ind.
01  umsatz-satz-ind.
    02  nummer-ind.
        03  vertreternummer-ind PIC X(4).
        03  auftragsnummer-ind  PIC X(3).
    02  artikelnummer-ind PIC 99.
    02  anzahl-ind        PIC 999.
WORKING-STORAGE SECTION.
01  datei-ende-feld PIC 9 VALUE 0.
    88  datei-ende VALUE 1.
    88  kein-datei-ende VALUE 0.
01  zeilenzahl PIC 99.
    88  neue-seite VALUE 3.
01  bildposition PIC 9(4).
01  zeile-ws.
    02  FILLER                 PIC X(6)  VALUE SPACES.
    02  vertreternummer-aus PIC 9(4).
```

```
      02  FILLER                PIC X(13) VALUE SPACES.
      02  auftragsnummer-aus    PIC 9(3).
      02  FILLER                PIC X(13) VALUE SPACES.
      02  artikelnummer-aus     PIC 99.
      02  FILLER                PIC X(9)  VALUE SPACES.
      02  anzahl-aus            PIC ZZ9.
      02  FILLER                PIC X     VALUE SPACES.
  01  ueberschrift-zeile-1      PIC X(54) VALUE
      "Vertreternummer  Auftragsnummer  Artikelnummer  Anzahl".
  01  ueberschrift-zeile-2 PIC X(54).
  01  ueberschrift-zeile-2-dummy.
      02  FILLER PIC X(15) VALUE ALL "-".
      02  FILLER PIC XX    VALUE SPACES.
      02  FILLER PIC X(14) VALUE ALL "-".
      02  FILLER PIC XX    VALUE SPACES.
      02  FILLER PIC X(13) VALUE ALL "-".
      02  FILLER PIC XX    VALUE SPACES.
      02  FILLER PIC X(6)  VALUE ALL "-".
  01  dummy-ein PIC X.
  01  anfang-feld PIC 9.
      88  anfang VALUE 1.
      88  kein-anfang VALUE 0.
  01  menue-aus.
      02  modus-maske           PIC X(17) VALUE "Gib Modus ein:< >".
      02  FILLER                PIC X(63).
      02  erfassung-text        PIC X(42)
          VALUE "- (1)Erfassung (zur Einrichtung der Datei)".
      02  FILLER                PIC X(38).
      02  anzeigen-text         PIC X(22)
          VALUE "- (2)Anzeigen(gezielt)".
      02  FILLER                PIC X(58).
      02  korrigieren-text  PIC X(16)
          VALUE "- (3)Korrigieren".
      02  FILLER                PIC X(64).
      02  neueintrag-text       PIC X(15)
          VALUE "- (4)Neueintrag".
      02  FILLER                PIC X(65).
      02  loeschen-text         PIC X(13)
          VALUE "- (5)Loeschen".
      02  FILLER                PIC X(67).
      02  ausgabe-text          PIC X(19)
          VALUE "- (6)Ausgabe(Alles)".
      02  FILLER                PIC X(61).
      02  programmende-TEXT PIC X(17)
          VALUE "- (7)Programmende".
  01  vorhanden-ein PIC X.
      88  vorhanden VALUE "j" "J".
  01  bildschirm-aus.
      02  vertreternummer-feld  PIC X(22)
```

```cobol
            VALUE "Vertreternummer:<    >".
    02  FILLER              PIC X(2).
    02  auftragsnummer-feld PIC X(20)
            VALUE "Auftragsnummer:<   >".
    02  FILLER              PIC X(2).
    02  artikelnummer-feld  PIC X(18)
            VALUE "Artikelnummer:<  >".
    02  FILLER              PIC X(2).
    02  anzahl-feld         PIC X(12)
            VALUE "Anzahl:<   >".
01  bildschirm-ein.
    02  FILLER              PIC X(17).
    02  vertreternummer-ein PIC 9(4).
    02  FILLER              PIC X(19).
    02  auftragsnummer-ein  PIC 9(3).
    02  FILLER              PIC X(18).
    02  artikelnummer-ein   PIC 99.
    02  FILLER              PIC X(11).
    02  anzahl-ein          PIC 9(3).
01  bildschirm-ein-korr.
    02  FILLER                   PIC X(61).
    02  artikelnummer-ein-korr   PIC 99.
    02  FILLER                   PIC X(11).
    02  anzahl-ein-korr          PIC 9(3).
77  modus-wechsel-feld PIC 9.
    88  modus-wechsel VALUE 1.
    88  kein-modus-wechsel VALUE 0.
77  fehler-feld PIC 9 VALUE 0.
    88  fehler VALUE 1.
    88  kein-fehler VALUE 0.
77  modus PIC 9 VALUE 1.
    88  erfassung-modus     VALUE 1.
    88  anz-korr-neu-modus VALUE 2, 3, 4.
    88  anzeigen-modus      VALUE 2.
    88  korrigieren-modus   VALUE 3.
    88  neueintrag-modus    VALUE 4.
    88  loeschen-modus      VALUE 5.
    88  ausgabe-modus       VALUE 6.
    88  programmende        VALUE 7.
    88  modus-korrekt       VALUE 1 THRU 7.
77  modus-fehler-text PIC X(15) VALUE "1 <= Modus <= 7".
77  ok-feld PIC X.
    88  ok      VALUE "j".
    88  not-ok VALUE "n".
PROCEDURE DIVISION.
*****************************************************************
rahmen.
    PERFORM loeschen-bildschirm
    PERFORM ausgabe-menue
```

```
      PERFORM modus-bearbeitung UNTIL programmende
      PERFORM loeschen-bildschirm
      STOP RUN.


**********************************************************************
 modus-bearbeitung.
     PERFORM modus-eingabe
     IF modus-korrekt
        THEN
            IF NOT programmende
               THEN
                    PERFORM auswahl
            END-IF
        ELSE
            SET fehler TO TRUE
            PERFORM fehler-bei-modus
     END-IF.
**********************************************************************
 auswahl.
     IF fehler
        THEN PERFORM loeschen-fehlermeldungs-zeile
     END-IF
     SET kein-modus-wechsel TO TRUE
     EVALUATE TRUE
             WHEN  erfassung-modus      PERFORM erfassung-proc
             WHEN  anz-korr-neu-modus   PERFORM anz-korr-neu-proc
             WHEN  loeschen-modus       PERFORM loeschen-proc
             WHEN  ausgabe-modus        PERFORM ausgabe-proc
     END-EVALUATE
     PERFORM loeschen-prompt-zeile
     CLOSE umsatz-datei-ind.
 erfassung-proc.
     OPEN OUTPUT umsatz-datei-ind
     PERFORM ausgabe-zeile-13-15
     PERFORM erfassung UNTIL modus-wechsel
     PERFORM loeschen-zeile-13-17.
 anz-korr-neu-proc.
     OPEN I-O umsatz-datei-ind
     PERFORM ausgabe-zeile-13-15
     PERFORM anz-korr-neu
     PERFORM loeschen-zeile-13-17.
 loeschen-proc.
     OPEN I-O umsatz-datei-ind
     PERFORM loeschen UNTIL modus-wechsel.
 ausgabe-proc.
     OPEN INPUT umsatz-datei-ind
     SET kein-datei-ende TO TRUE
     SET kein-fehler     TO TRUE
     SET neue-seite      TO TRUE
```

```
        SET anfang            TO TRUE
        PERFORM eingabe-start-nummer
        START umsatz-datei-ind KEY IS NOT LESS THAN nummer-ind
            INVALID KEY SET fehler TO TRUE
        END-START
        IF fehler
           THEN
                PERFORM fehler-anzeige
                SET datei-ende TO TRUE
           ELSE
                MOVE ueberschrift-zeile-2-dummy TO
                    ueberschrift-zeile-2
                READ umsatz-datei-ind NEXT
                    AT END SET datei-ende TO TRUE
                END-READ
        END-IF
        PERFORM ausgabe UNTIL datei-ende
        PERFORM loeschen-zeile-13-17
        SET modus-wechsel TO TRUE.
************************************************************************
  erfassung.
        SET kein-fehler TO TRUE
        PERFORM loeschen-erfassungsfelder
        PERFORM eingabe-erfassungsfelder
        PERFORM info-ein-to-info
        WRITE umsatz-satz-ind
            INVALID KEY SET fehler TO TRUE
        END-WRITE
        IF fehler
           THEN PERFORM fehler-anzeige
        END-IF
        PERFORM abfrage-weiter
        IF not-ok
           THEN SET modus-wechsel TO TRUE
        END-IF.
************************************************************************
  anz-korr-neu.
        IF anzeigen-modus
           THEN
                PERFORM anzeigen UNTIL modus-wechsel
           ELSE
                IF korrigieren-modus
                   THEN
                        PERFORM korrigieren UNTIL modus-wechsel
                   ELSE
                        PERFORM neueintrag UNTIL modus-wechsel
                END-IF
        END-IF.
************************************************************************
```

```
anzeigen.
    SET kein-fehler TO TRUE
    PERFORM eingabe-nummer
    READ umsatz-datei-ind
        INVALID KEY SET fehler TO TRUE
    END-READ
    IF fehler
      THEN
            PERFORM fehler-anzeige
      ELSE
            PERFORM info-to-info-ein
            PERFORM ausgabe-erfassungsfelder
    END-IF
    PERFORM abfrage-weiter
    IF not-ok
      THEN SET modus-wechsel TO TRUE
    END-IF.
*******************************************************************
korrigieren.
    SET kein-fehler TO TRUE
    PERFORM eingabe-nummer
    READ umsatz-datei-ind
        INVALID KEY SET fehler TO TRUE
    END-READ
    IF fehler
      THEN
            PERFORM fehler-anzeige
      ELSE
            PERFORM info-to-info-ein
            PERFORM ausgabe-erfassungsfelder
            PERFORM eingabe-erfassungsfelder-korr
            PERFORM info-ein-to-info-korr
            REWRITE umsatz-satz-ind
                    INVALID KEY SET fehler TO TRUE
            END-REWRITE
    END-IF
    PERFORM abfrage-weiter
    IF not-ok
      THEN SET modus-wechsel TO TRUE
    END-IF.
*******************************************************************
neueintrag.
    SET kein-fehler TO TRUE
    PERFORM loeschen-erfassungsfelder
    PERFORM eingabe-erfassungsfelder
    PERFORM info-ein-to-info
    WRITE umsatz-satz-ind
        INVALID KEY SET fehler TO TRUE
    END-WRITE
```

```
    IF fehler
       THEN PERFORM fehler-anzeige
    END-IF
    PERFORM abfrage-weiter
    IF not-ok
       THEN SET modus-wechsel TO TRUE
    END-IF.
********************************************************************
 loeschen.
    SET kein-fehler TO TRUE
    PERFORM eingabe-nummer
    READ umsatz-datei-ind
         INVALID KEY SET fehler TO TRUE
    END-READ
    IF fehler
       THEN
            PERFORM fehler-anzeige
       ELSE
            PERFORM ausgabe-zeile-13-15
            PERFORM info-to-info-ein
            PERFORM ausgabe-erfassungsfelder
            PERFORM abfrage-loeschen
            IF ok
               THEN DELETE umsatz-datei-ind
                         INVALID KEY SET fehler TO TRUE
                    END-DELETE
            END-IF
    END-IF
    PERFORM loeschen-zeile-13-17
    PERFORM abfrage-weiter
    IF not-ok
       THEN SET modus-wechsel TO TRUE
    END-IF.
********************************************************************
 ausgabe.
    PERFORM WITH TEST BEFORE UNTIL datei-ende
            IF neue-seite
               THEN PERFORM ueberschrift
            END-IF
            MOVE vertreternummer-ind TO vertreternummer-aus
            MOVE auftragsnummer-ind  TO auftragsnummer-aus
            MOVE artikelnummer-ind   TO artikelnummer-aus
            MOVE anzahl-ind          TO anzahl-aus
            COMPUTE zeilenzahl = zeilenzahl + 1
            COMPUTE bildposition = bildposition + 100
            DISPLAY zeile-ws AT bildposition
            READ umsatz-datei-ind NEXT
                 AT END SET datei-ende TO TRUE
            END-READ
```

```
        END-PERFORM
        DISPLAY
        "falls weiter: Druck der Return-Taste!"
        AT 2301
        ACCEPT dummy-ein AT 2338.
   ueberschrift.
        IF anfang
          THEN
               SET kein-anfang TO TRUE
          ELSE
               DISPLAY
                "weitere Ausgabe durch Druck der Return-Taste!"
                AT 2301
                ACCEPT dummy-ein AT 2346
        END-IF
        MOVE 0 TO zeilenzahl
        PERFORM loeschen-zeile-13-17
        PERFORM loeschen-prompt-zeile
        DISPLAY ueberschrift-zeile-1 AT 1301
        DISPLAY ueberschrift-zeile-2 AT 1401
        MOVE 1401 TO bildposition.
 ****************************************************************
   info-to-info-ein.
        MOVE vertreternummer-ind TO vertreternummer-ein
        MOVE auftragsnummer-ind  TO auftragsnummer-ein
        MOVE artikelnummer-ind   TO artikelnummer-ein
        MOVE anzahl-ind          TO anzahl-ein.
   info-ein-to-info.
        MOVE vertreternummer-ein TO vertreternummer-ind
        MOVE auftragsnummer-ein  TO auftragsnummer-ind
        MOVE artikelnummer-ein   TO artikelnummer-ind
        MOVE anzahl-ein          TO anzahl-ind.
   info-ein-to-info-korr.
        DISPLAY
        "
  -     "                        " AT 1801.
        DISPLAY
        "
  -     "                        " AT 1901
        MOVE artikelnummer-ein-korr TO artikelnummer-ind
        MOVE anzahl-ein-korr TO anzahl-ind.
 ****************************************************************
   ausgabe-menue.
        DISPLAY menue-aus AT 0101.
   ausgabe-zeile-13-15.
        DISPLAY bildschirm-aus AT 1301.
   ausgabe-erfassungsfelder.
        DISPLAY bildschirm-ein AT 1301.
 ****************************************************************
```

```
 abfrage-loeschen.
     DISPLAY "Soll geloescht werden(j/n):< >" AT 2301
     SET not-ok TO TRUE
     DISPLAY ok-feld AT 2329
     ACCEPT ok-feld AT 2329
     PERFORM loeschen-prompt-zeile.
 abfrage-weiter.
     DISPLAY "Weiter(j/n):< >" AT 2301
     SET ok TO TRUE
     DISPLAY ok-feld AT 2314
     ACCEPT ok-feld AT 2314
     IF fehler
        THEN PERFORM loeschen-fehlermeldungs-zeile
     END-IF
     PERFORM loeschen-prompt-zeile.
*******************************************************************
 modus-eingabe.
     ACCEPT modus AT 0116.
 eingabe-nummer.
     MOVE 0 TO vertreternummer-ind
     DISPLAY "Gib Vertreternummer:<    >" AT 2301
     ACCEPT vertreternummer-ind AT 2322
     MOVE 0 TO auftragsnummer-ind
     DISPLAY "Gib Auftragsnummer:<   >" AT 2340
     ACCEPT auftragsnummer-ind AT 2360
     PERFORM loeschen-prompt-zeile.
 eingabe-start-nummer.
     MOVE 0 TO vertreternummer-ind auftragsnummer-ind
     DISPLAY
     "Gib Vertreter-/Auftragsnummer fuer den 1. Satz:<     >"
     AT 2301
     ACCEPT nummer-ind AT 2349
     PERFORM loeschen-prompt-zeile.
 eingabe-erfassungsfelder.
     ACCEPT bildschirm-ein AT 1301.
 eingabe-erfassungsfelder-korr.
     ACCEPT bildschirm-ein-korr AT 1301.
*******************************************************************
 fehler-bei-modus.
     DISPLAY modus-fehler-text AT 2001.
 fehler-anzeige.
     DISPLAY "Fehler beim Zugriff auf die Datei" AT 2001.
*******************************************************************
 loeschen-bildschirm.
     DISPLAY SPACES.
 loeschen-erfassungsfelder.
     MOVE 0 TO vertreternummer-ein auftragsnummer-ein
               artikelnummer-ein anzahl-ein
     DISPLAY bildschirm-ein AT 1301.
```

```
loeschen-zeile-13-17.
    DISPLAY
    "                                              " AT 1301
    DISPLAY
    "                                              " AT 1401
    DISPLAY
    "                                              " AT 1501
    DISPLAY
    "                                              " AT 1601
    DISPLAY
    "                                              " AT 1701.
loeschen-fehlermeldungs-zeile.
    DISPLAY
    "                                              " AT 2001.
loeschen-prompt-zeile.
    DISPLAY
    "                                              " AT 2301.
```

Aufgabe 9 (S. 154)

```
IDENTIFICATION DIVISION.
PROGRAM-ID.
    loes9.
ENVIRONMENT DIVISION.
INPUT-OUTPUT SECTION.
FILE-CONTROL.
    SELECT umsatz-sortiert-datei ASSIGN TO "umsatzso.txt"
           ORGANIZATION IS LINE SEQUENTIAL.
    SELECT umsatz-datei-ind-alt ASSIGN TO "umsatz.alt"
           ORGANIZATION IS INDEXED
           ACCESS MODE IS SEQUENTIAL
           RECORD KEY IS nummer-ind-alt
           ALTERNATE RECORD KEY IS vertreternummer-ind-alt
                   WITH DUPLICATES
           ALTERNATE RECORD KEY IS artikelnummer-ind-alt
                   WITH DUPLICATES.
DATA DIVISION.
FILE SECTION.
FD  umsatz-sortiert-datei.
01  umsatz-sortiert-satz.
    02  vertreternummer PIC X(4).
    02  auftragsnummer  PIC X(3).
    02  artikelnummer   PIC XX.
    02  anzahl          PIC 9(3).
FD  umsatz-datei-ind-alt.
01  umsatz-satz-ind-alt.
    02  nummer-ind-alt.
        03  FILLER              PIC X.
```

```
          03  vertreternummer-ind-alt PIC X(4).
          03  auftragsnummer-ind-alt  PIC X(3).
      02  artikelnummer-ind-alt PIC XX.
      02  anzahl-ind-alt              PIC X(3).
  WORKING-STORAGE SECTION.
  01  datei-ende-feld PIC 9 VALUE 0.
      88  datei-ende VALUE 1.
  01  fehler-feld PIC 9 VALUE 0.
      88  fehler VALUE 1.
  PROCEDURE DIVISION.
  ablauf.
      OPEN INPUT umsatz-sortiert-datei OUTPUT umsatz-datei-ind-alt
      READ umsatz-sortiert-datei
          AT END SET datei-ende TO TRUE
          NOT AT END PERFORM transport
      END-READ
      PERFORM WITH TEST BEFORE UNTIL datei-ende OR fehler
         WRITE umsatz-satz-ind-alt
            INVALID KEY DISPLAY "moeglicher Fehler: Satz doppelt!"
                    MOVE 1 TO fehler-feld
         END-WRITE
         READ umsatz-sortiert-datei
            AT END SET datei-ende TO TRUE
            NOT AT END PERFORM transport
         END-READ
      END-PERFORM
      CLOSE umsatz-sortiert-datei umsatz-datei-ind-alt
      STOP RUN.
  transport.
      MOVE SPACES TO nummer-ind-alt
      MOVE vertreternummer TO vertreternummer-ind-alt
      MOVE auftragsnummer  TO auftragsnummer-ind-alt
      MOVE artikelnummer   TO artikelnummer-ind-alt
      MOVE anzahl          TO anzahl-ind-alt.
```

Aufgabe 10 (S. 183)

```
  IDENTIFICATION DIVISION.
  PROGRAM-ID.
      loes10.
  ENVIRONMENT DIVISION.
  CONFIGURATION SECTION.
  SPECIAL-NAMES.
      CONSOLE IS CRT.
  INPUT-OUTPUT SECTION.
  FILE-CONTROL.
      SELECT umsatz-datei ASSIGN TO "umsatz.txt"
           ORGANIZATION IS LINE SEQUENTIAL.
```

```
DATA DIVISION.
FILE SECTION.
FD  umsatz-datei.
01  umsatz-satz.
    02  nummer.
        03  vertreternummer PIC 9(4).
        03  auftragsnummer  PIC 9(3).
    02  artikelnummer       PIC 99.
    02  anzahl              PIC 999.
WORKING-STORAGE SECTION.
01  umsatz-satz-ed-bereich.
    02  umsatz-satz-ed OCCURS 5 TIMES.
        03  FILLER                 PIC X(5).
        03  vertreternummer-ed     PIC 9B9B9B9.
        03  FILLER                 PIC X(10).
        03  auftragsnummer-ed      PIC 9B9B9.
        03  FILLER                 PIC X(12).
        03  artikelnummer-ed       PIC 99.
        03  FILLER                 PIC X(9).
        03  anzahl-ed              PIC ZZ9.
        03  FILLER                 PIC X(27).
01  datei-ende-feld PIC 9 VALUE 0.
    88  datei-ende VALUE 1.
01  abbrechen-feld PIC X VALUE "n".
    88  abbrechen VALUE "j".
77  pos PIC 9.
PROCEDURE DIVISION.
rahmen.
    OPEN INPUT umsatz-datei
    DISPLAY SPACES
    DISPLAY " Vertreternummer  Auftragsnummer  Artikelnummer  Anz
-   "ahl" AT 0101
    DISPLAY " ---------------  --------------  -------------  ---
-   "---" AT 0201
    PERFORM WITH TEST BEFORE UNTIL datei-ende OR abbrechen
      MOVE SPACES TO umsatz-satz-ed-bereich
      PERFORM WITH TEST BEFORE VARYING pos FROM 1 BY 1
                              UNTIL pos > 5 OR datei-ende
        READ umsatz-datei
          AT END SET datei-ende TO TRUE
          NOT AT END
              MOVE vertreternummer TO vertreternummer-ed (pos)
              MOVE auftragsnummer  TO auftragsnummer-ed (pos)
              MOVE artikelnummer   TO artikelnummer-ed (pos)
              MOVE anzahl          TO anzahl-ed (pos)
        END-READ
      END-PERFORM
```

```
       IF pos > 2 THEN DISPLAY umsatz-satz-ed-bereich AT 0401
                       IF NOT datei-ende
                          THEN DISPLAY "Abbrechen(j/n)< >" AT 2301
                               DISPLAY abbrechen-feld AT 2316
                               ACCEPT abbrechen-feld AT 2316
                       END-IF
          END-IF
       END-PERFORM
       CLOSE umsatz-datei
       DISPLAY "Ende der Ausgabe!" AT 2301
       STOP RUN.
```

Aufgabe 11 (S. 203)

```
IDENTIFICATION DIVISION.
PROGRAM-ID.
    loes11.
ENVIRONMENT DIVISION.
CONFIGURATION SECTION.
SPECIAL-NAMES.
    DECIMAL-POINT IS COMMA.
INPUT-OUTPUT SECTION.
FILE-CONTROL.
    SELECT umsatz-datei ASSIGN TO "umsatz.txt"
           ORGANIZATION IS LINE SEQUENTIAL.
DATA DIVISION.
FILE SECTION.
FD  umsatz-datei.
01  umsatz-satz.
    02  nummer.
        03  vertreternummer PIC 9(4).
        03  auftragsnummer  PIC 9(3).
    02  artikelnummer       PIC 99.
    02  anzahl              PIC 999.
WORKING-STORAGE SECTION.
01  vertreternummer-ein PIC 9(4).
01  auftragsnummer-ein  PIC 9(3).
01  artikelnummer-ein   PIC 99.
01  anzahl-ein          PIC 999.
01  vorhanden-ein PIC X.
    88  nicht-vorhanden VALUE "J".
01  ende-ein PIC X.
    88  ende VALUE "j" "J".
01  erfassen-vertreterdaten-ein PIC X.
    88  erfassen-vertreterdaten VALUE "j" "J".
01  erfassen-umsatzdaten-ein PIC X.
    88  erfassen-umsatzdaten VALUE "j" "J".
```

```
PROCEDURE DIVISION.
ablauf.
    DISPLAY
        "Sollen Vertreterdaten eingelesen werden?(J/N): "
        WITH NO ADVANCING
    ACCEPT erfassen-vertreterdaten-ein
    IF erfassen-vertreterdaten
        THEN CALL "loes11up.exe"
    END-IF
    DISPLAY
        "Sollen Umsatzdaten eingelesen werden?(J/N): "
        WITH NO ADVANCING
    ACCEPT erfassen-umsatzdaten-ein
    IF erfassen-umsatzdaten
        THEN
            DISPLAY
                "Ist die Umsatz-Datei bereits vorhanden?(J/N): "
                WITH NO ADVANCING
            ACCEPT vorhanden-ein
            IF nicht-vorhanden
                THEN OPEN OUTPUT umsatz-datei
                ELSE OPEN EXTEND umsatz-datei
            END-IF
            PERFORM WITH TEST AFTER UNTIL ende
                DISPLAY "Vertreternummer:  " WITH NO ADVANCING
                ACCEPT vertreternummer-ein
                DISPLAY "Auftragsnummer:   " WITH NO ADVANCING
                ACCEPT auftragsnummer-ein
                DISPLAY "Artikelnummer:    " WITH NO ADVANCING
                ACCEPT artikelnummer-ein
                DISPLAY "Anzahl:           " WITH NO ADVANCING
                ACCEPT anzahl-ein
                DISPLAY "Ende?(j/J):"        WITH NO ADVANCING
                ACCEPT ende-ein
                MOVE vertreternummer-ein TO vertreternummer
                MOVE auftragsnummer-ein  TO auftragsnummer
                MOVE artikelnummer-ein   TO artikelnummer
                MOVE anzahl-ein          TO anzahl
                WRITE umsatz-satz
            END-PERFORM
            CLOSE umsatz-datei
    END-IF
    STOP RUN.

IDENTIFICATION DIVISION.
PROGRAM-ID.
    loes11up.
ENVIRONMENT DIVISION.
CONFIGURATION SECTION.
```

```cobol
SPECIAL-NAMES.
    DECIMAL-POINT IS COMMA.
INPUT-OUTPUT SECTION.
FILE-CONTROL.
    SELECT vertreter-datei ASSIGN TO "vrtrtr.txt"
           ORGANIZATION IS LINE SEQUENTIAL.
DATA DIVISION.
FILE SECTION.
FD  vertreter-datei.
01  vertreter-satz.
    02  vertreternummer PIC 9(4).
    02  vertretername   PIC X(30).
    02  provision       PIC 9V99.
WORKING-STORAGE SECTION.
01  vertreternummer-ein PIC 9(4).
01  vertretername-ein   PIC X(30).
01  provision-ein       PIC 9V99.
01  vorhanden-ein PIC X.
    88  nicht-vorhanden VALUE "J".
01  ende-ein PIC X.
    88  ende VALUE "j" "J".
PROCEDURE DIVISION.
ablauf.
    DISPLAY
        "Ist die Vertreter-Datei bereits vorhanden?(J/N): "
        WITH NO ADVANCING
    ACCEPT vorhanden-ein
    IF nicht-vorhanden
        THEN OPEN OUTPUT vertreter-datei
        ELSE OPEN EXTEND vertreter-datei
    END-IF
    PERFORM WITH TEST AFTER UNTIL ende
        DISPLAY "Vertreternummer: " WITH NO ADVANCING
        ACCEPT vertreternummer-ein
        DISPLAY "Vertretername:   " WITH NO ADVANCING
        ACCEPT vertretername-ein
        DISPLAY "Provision:  " WITH NO ADVANCING
        ACCEPT provision-ein
        DISPLAY "Ende?(j/J):"     WITH NO ADVANCING
        ACCEPT ende-ein
        MOVE vertreternummer-ein TO vertreternummer
        MOVE vertretername-ein   TO vertretername
        MOVE provision-ein       TO provision
        WRITE vertreter-satz
    END-PERFORM
    CLOSE vertreter-datei
    EXIT PROGRAM.
```

Index